양소영 원장의

상처 주지 않고
우리 아이
마음 읽기

양소영 원장의 /

상처 주지 않고 우리 아이 마음 읽기

양소영 지음

믹스커피
MIXCOFFEE

당신은 내 아이에게
세상에서 단 하나뿐인 좋은 부모입니다

우수하기도 하지만 인성·사회성을 두루 갖춘 아이, 뛰어나지만 사랑스럽고 누구와도 잘 어울릴 수 있는 아이, 집중력이 뛰어나고 다재다능하면서도 겸손하고 배려할 줄 아는 아이, 친구의 이야기에 귀 기울일 줄 알면서도 내 마음도 표현할 줄 아는 아이, 내가 잘 하는 분야에서뿐 아니라 여러 분야의 사람들과 소통할 줄 아는 아이, 갈등 상황이 다가와도 자존감을 버리지 않으면서 현명하게 대처할 줄 아는 아이.

세상의 모든 부모들이 이런 아이가 바로 내 자녀이기를 바라게 됩니다. 어떻게 하면 그런 모습을 가진 사람으로 키울 수 있는 것일까? 그런 성격과 기질은 타고나는 것일까, 부모가 그렇게 키워 내는 것일까? 아이의 타고난 성격과 기질, 심리, 정서, 사회성, 지능, 창의성, 집중력, 재능, 적성, 부모의 양육 태도를 궁금해하는 부모들의 종합심리검사 문의가 쇄도합니다. 종합심리검사는 심리 정서검사, 지능검사, 기질·성격검사, 집중력검사, 부모양육태도 검사를 종합해서 전반적인 정보를 얻을 수 있으며, 유·아동·청 소년·성인의 인지, 정서, 기질, 성격, 대인관계, 타고난 지능, 길 러진 지능, 강점, 약점 등을 한 번에 알아보는 통합솔루션검사입 니다.

소아 청소년 가족상담 현장에서 20여 년 가까운 시간 동안 다양 한 아이들과 부모들을 만나면서 이런 생각을 하게 되었습니다. 대 부분의 아이들은 타고난 성격과 환경에 연계되어서 성장한다는 것 입니다. 타고난 강점도 자극이 부족하면 소멸되기도 하고 단점이 훈련에 의해 보완되기도 합니다. 아이의 연령대가 어릴수록 미리 적절한 자극과 훈련을 받으면 훨씬 빠르게 성장하기도 합니다.

그래서 요즘에는 20~30개월 전후 영유아 방문상담이 가장 많 습니다. 아이에게 특별한 문제 증상이나 염려할 부분들이 보이지 않아도 아이를 더 이해하고 더 잘 키우기 위해서 미리 예방하고 대 처하기 위해 오는 것입니다. 이 책이 아이를 더 잘 키우기 위한 부모들에게 안전한 가이드가 되기를 바랍니다.

이 책의 내용은 6장으로 이루어져 있습니다.

1장은 우리 아이 마음 바로 알기입니다. 지나치게 화를 내거나, 자꾸 거짓말을 하는 아이, 엄마와 떨어지지 않으려고 하는 아이, 집에 가기 싫어하거나, 너무 착하기만 하거나, 마음대로 안 되면 자학하는 우리 아이의 마음을 읽어보고 정서지능을 높여줍니다.

2장은 우리 아이 사회성입니다. 친구와 잘 어울리지 못하거나, 친구와의 비밀이 많고, 성에 관심이 많고, 이성교제를 시작한 아이, 야동에서 본 성 지식을 자랑하거나, 혐오언어를 문제의식 없이 쓰는 우리 아이의 마음을 읽어보고 사회성을 증진시켜줍니다.

3장은 우리 아이 자존감입니다. 화장을 못하게 하면 우울해하거나, 감정 조절을 잘하지 못하고, 칭찬만 받으려고 하고, 조금만 어려워도 금방 포기하려 하고, 다른 친구에 비해 초라하다고 생각하는 우리 아이의 마음을 읽어보고 자존감을 높여줍니다.

4장은 우리 아이 생활습관입니다. 경제 교육이 필요한 아이, 편식을 하고 스마트폰에 빠진 아이, 게임과 인터넷에 중독되거나 자위행위를 하는 아이의 마음을 읽어보고 자립심을 키워줍니다.

5장은 우리 아이 학교생활입니다. 학교 가기 싫어하고, 따돌림으로 힘들어하고, 공부에 관심 없고, 수업에 집중하지 못하고, 아무런 재능이 없어 보이고, 여자아이를 무시하는 우리 아이의 마음을 읽어보고 적응능력과 대인관계능력을 높여줍니다.

6장은 우리 아이 가족관계입니다. 형제자매와 자꾸만 싸우고, 아빠의 애정에 힘들어하는 아이, 엄마 아빠의 양육관 차이로 갈팡질팡하고 사춘기로 힘들어하는 아이, 너무 다른 쌍둥이인 우리 아이의 마음을 읽어보고 가족의 유대감을 높여줍니다.

이 책을 읽고 있는 부모는 이미 내 아이에게 충분히 좋은 부모입니다. 부모가 생각하고 바라는 아이로 키울 수 있는 능력이 이미 아이와 부모에게 있습니다. 아이들은 부모가 믿어주는 만큼 성장합니다. 이 책을 읽으면서 부모가 느끼고 생각한 대로 아이의 마음과 생각의 눈높이에 맞춰서 부모가 내 아이와 함께 기꺼이 성장해줄 수 있다면, 아이는 스스로 되고 싶은 사람으로 자신의 감정과 충동을 조절할 줄 알고 다른 사람의 감정을 민감하게 수용하며 스스로를 다스릴 수 있는 행복한 성공자로 성장하게 됩니다.

아이의 모델링은 부모입니다. 부모가 행복해야 아이도 행복합니다. 부모가 이 세상에 존재해주어서 아이들은 든든합니다. 부모도 아이를 통해서 살아갈 힘과 용기를 얻습니다. 부모가 이 세상에 존재해주어서 고맙습니다. 세상의 모든 부모들과 아이들을 응원합니다.

　당신은 내 아이에게 세상에서 단 하나뿐인 좋은 부모입니다. 지금 너무 잘하고 있습니다. 그리고 앞으로 더 잘 아이와 함께 성장할 것이라 믿습니다. 언제나 마음을 다해 당신을 응원합니다. 당신은 빛나고 아름다운 부모입니다. 용기를 내세요.

　『양소영 원장의 상처 주지 않고 우리 아이 마음 읽기』가 독자님들에게 전해지기까지 함께해주신 믹스커피·원앤원북스 출판사와 최윤정 팀장님에게 마음으로부터 감사를 드립니다.

2020년 4월

양소영심리상담센터·양소영영재코칭센터 대표

양소영

차례

1장
상처 주지 않고 우리 아이 마음 읽기

6장
상처 주지 않고 우리 아이 가족관계 이해하기

지나치게 화를 내는 우리 아이: 공격적인 아이를 돌보는 법

자꾸 거짓말을 하는 우리 아이: 아이의 거짓말에 대처하기

엄마와 떨어지지 않으려는 우리 아이: 올바른 애착관계 형성하기

집에 가기 싫어하는 우리 아이: 눈높이 대화로 마음 열기

지나치게 착하기만 한 우리 아이: 착한 아이 신드롬 벗어나기

마음대로 안 되면 자학하는 우리 아이: 아이의 분노 표현 다스리기

1장

상처 주지 않고
우리 아이
마음 읽기

지나치게
화를 내는
우리 아이

공격적인 아이를 돌보는 법

정우가 어렸을 때부터 고집이 셌어요. 요즘 유치원에서 선생님이 말하기를 우리 정우가 친구들을 때린다고 하네요. 친구가 먼저 놀리거나 때리면 참지 못하고 더 때리나 봐요. 화가 나면 집에서도 물건을 집어 던지고 쿵쿵 뛰고 "내가 잘못한 거야?"라고 반문해요. 학습은 곧잘 하는데, 학습하다가 모르는 게 나오면 신경질적으로 "나는 이런 거 모른다고!" 하며 화를 내기도 하고요. 자기가 못하는 게 있어 속상한가 봐요. 습관을 바로잡아주려고 매를 댔더니 "왜 나를 아프게 하는 거야?" 하고 더 화를 내요. 너무 놀라고 '아, 이 아이는 때리면 안 되는 아이인가 보다.' 하는 생각이 들었어요. 저는 잘못했다고 빌 줄 알았거든요. 아이가 그런 행동을 하면 엄마

인 제가 더 속상해서 같이 화를 내게 돼요. 우리 아이에게 무슨 문제가 있는 걸까요?

적절한 분노는
표출해야 할 필요가 있어요

아이가 과도하게 화를 내거나 폭력적인 행동을 자주 보인다면 평소 부모의 행동에 문제가 없는지 되짚어보아야 합니다. 아이들의 공격성은 부모와 자녀의 관계와 매우 밀접하게 연관되어 있습니다. 평소에는 아이에게 큰 관심을 보이지 않다가 아이가 공격적인 행동을 할 때만 관심을 보이면 아이는 부모의 관심을 끌기 위해 공격적인 성향을 보이기 때문입니다.

아이에게 신체적인 처벌을 자주 할 때도 부모가 아이의 모델이 되면서 공격성이 나타나기도 합니다. 따라서 부모는 스스로 화내는 방식에 문제가 없는지 생각해보아야 합니다.

아이에게 화내는 방식을 지도할 때는 일단 부모가 먼저 화를 적절하게 표현하는 방식을 보여주는 것이 좋습니다. 즉 부모도 화가 나면 일단 화를 내어, '분노'란 표현될 수 있는 감정이며 그렇게 표현하고 나면 풀린다는 것을 아이들이 터득하게 하는 것이죠.

분노는 대부분의 사람들이 피하고 싶어 하는 부정적인 감정입니다. 그러나 적절하게 화를 내는 것은 사람이 살아가는 데 순기능으로 작용하기도 합니다. 적절하게 분노를 표현하면 마음에 쌓인 스트레스를 풀어주어 생활의 활력과 자신감, 신체적인 강인함, 용기 등의 감정까지 느낄 수 있습니다. 사람들은 자신의 기대나 욕구가 좌절될 때 분노를 느낄 수 있는데, 이것이 분노를 통해 적절히 표현되면 관계가 개선되고 더욱 친밀해질 수 있어요.

아이는 왜
화를 내는 걸까요?

아이는 왜 화를 내는 걸까요? 먼저 사람이 분노를 느끼는 상황을 알아봅시다. 첫째, 사람은 자신이 모욕당하고 존중받지 못한다고 생각할 때 강한 분노를 경험합니다. 이는 자신의 가치가 비참하게 추락하고 상실된 느낌을 받는 것으로, 이러한 느낌을 받으면 남에게 보복하려는 충동으로 이어질 수 있습니다. 그래서 때로는 자신을 모욕한 사람을 공격해야만 상처받은 자신의 마음이 고스란히 회복될 거라고 생각하게 되지요.

둘째, 사람은 자신의 욕구가 충족되지 않거나 무시당한다고 생각할 때 분노를 느낍니다. 특히 사랑의 욕구가 분노에 큰 영향을 미치는데, 자신이 누군가를 사랑하고 몰입하는 조건에서 충돌이 일어나면 가장 자주 분노가 표출됩니다. 아이들이 자신의 욕구와 사랑이 충족되지 않을 때 부모에게 분노를 느끼는 것과 마찬가지입니다.

셋째, 자신이 지닌 신념과 관련해 분노를 경험하기도 합니다. 다른 사람이 자신의 신념을 인정해주지 않을 때, 다른 사람이 자신이 중요하다고 생각하는 신념과 어긋나는 행동을 하는 것을 볼 때와 같이 자신이 평소 굳게 믿고 있는 신념과 생각이 타인에 의해 꺾이거나 제재를 받을 때도 분노를 느낍니다.

넷째, 신체적으로 구속된 느낌을 받을 때도 분노를 느끼게 됩니다. 감성이 예민한 아동이나 청소년의 경우 언어적인 구속으로, 성인의 경우에는 강한 규칙이나 규제에 분노를 일으키기도 합니다.

특히 분노의 감정을 자주 느끼거나 과도하게 느끼는 아이들은 분노의 감정이 행동화되어 공격성을 띠는 경우가 많은데요. 이것이 지나치면 아이는 아무 일에나 화를 내고 폭력적인 행동을 할 수 있으며, 심하면 인격 장애나 충돌조절 장애 등을 경험하게 됩니다. 특히 아이들의 분노는 즉각적인 공격성을 띠는 경우가 많아 분노를 조절하는 것이 쉽지 않습니다. 일례로 자기가 원하는 장난감을 사주지 않을 때 바닥에 드러누워 울거나, 자신을 약 올리고 장난감을 빼앗는 친구를 때리는 등의 행동을 통해 아이들이 지닌 공격성의 면모를 여실히 볼 수 있어요. 그러므로 적절하게 분노를 조절하는 것은 매우 중요합니다.

공격적인 우리 아이,
어떻게 할까요?

솔루션 하나, 마음과 행동을 분리해서 다루어주세요

먼저 부모는 아이가 속상한 마음, 더 놀고 싶은 마음, 갖고 싶은 마음, 화가 난 마음을 충분히 알았다는 것을 아이의 눈높이에 맞춰서 반응해줍니다. "배가 고픈데 엄마가 바로 알아주지 못해서 화가 났구나." "더 놀고 싶은데 아빠가 그만 자라고 해서 속상했구나."라며 아이의 정서를 전적으로 수용하는 것이죠.

그다음으로 모든 일이 자기 뜻대로만 되지 않는다는 사실을 알려주는 게 감정 조절에 매우 중요합니다. "더 놀고 싶어도 지금 잠들어야 잠을 충분히 자서 하율이가 아빠처럼 키가 쑥쑥 클 수 있단다. 그리고 내일 아침에 일찍 일어나서 하율이도 어린이집에 가고 아빠 엄마도 회사에 갈 수가 있단다. 더 늦게 자면 피곤해서 내일 아침에 늦게 일어나게 될 거고 하율이도, 아빠 엄마도 어린이집과 회사에 지각하게 될 수 있단다."라고 설득력 있게 설명해주며 아이의 정서를 조절해주세요.

솔루션 둘, 행동보다 말로 표현할 수 있도록 도와주세요

아이가 화가 났을 때는 화난 감정을 행동보다는 말로 표현하도록 도와주어야 합니다. 아이들은 분노 표현을 할 때 울거나, 자신의 몸을 다치게 하거나, 물건을 집어 던지거나, 누군가에게 공격적인 행동을 보이기도 합니다. 이럴 때 부모는 아이 스스로 화가 났다는 느낌과 함께 화가 난 상황을 표현할 수 있도록 도와주는 것이 효과적입니다.

자신의 화난 감정을 할아버지, 할머니, 아빠, 엄마, 형제자매, 친구 등 누군가를 때리는 것으로 표출하는 아이도 있습니다. 이런 아이들에게는 아무리 화가 나도 누군가를 때리면 절대 안 된다는 것을 알려주어야 합니다. 아이가 공격적인 행동을 보일 때마다 곧바로 아이의 행동이 잘못되었음을 이야기해주고, 화가 날 때는 행동보다 말로 표현할 수 있도록 도와주세요.

부모가 아이의 감정을 충분히 수용해주지 못하고 "너는 도대체 또 왜 우는 거니? 이렇게 하면 너만 다치고 아픈 거야! 이거 하나도 제대로 못 하니?" 하며 야단하고 비난하면, 아이는 자신을 야단하는 사람에 대한 서운함 때문에 다시 분노합니다. 또한 아이에게 신체적인 체벌을 자주 하는 경우에도 아이가 부모의 모습을 모방해서 공격성을 보일 수 있습니다. 아이를 야단칠 때도 일단 부모가 먼저 화를 적절하게 표출한 후 아이를 훈육해야 한다는 점을 잊지 마세요.

아이가 화나 있다면 윽박지르거나 벌을 주지 말고 "네가 화가 나 있다는 것을 잘 알고 있고 네 마음을 이해한단다."라고 말해주세요. 행복, 기쁨, 즐거움과 같은 긍정적인 정서뿐 아니라 분노, 슬픔, 부끄러움과 같은 부정적인 정서도 부모가 수용한다는 믿음을 주고 정서 표현에 공감해줍니다. "왜 그랬니?"라고 이유를 묻기 전에 "지금 속상하구나." "화가 났구나."라고 감정에 공감해준 후, 아이가 스스로 말할 때까지 기다리세요. 아이는 어느 정도 시간이 지나면 대개 화낸 이유를 말합니다. 한참 동안 기다려도 이야기하지 않을 때는 시간이 더 필요합니다. 간섭하지 말고 인내심을 갖고 꾹 참으세요. 이렇게 생각할 시간을 주는 부모 아래에서 아이들은 '엄마가 날 이해하는구나.'라고 생각하면서 감정을 조절하는 힘을 키우게 됩니다.

왜 화를 냈는지 이유를 말하면 차분하게 끝까지 들어주고 해결방법을 함께 생각해봅니다. 이때 부모가 먼저 방법을 결정하는 것은 바람직하지 않습니다. 아이가 스스로 방법을 찾아갈 수 있도록 도와주세요. "친구 때문에 속상했구나. 그렇지만 그 친구를 때리거나 욕을 하면 어떻게 될까?"라고 아이가 제시한 방법이 어떤 결과를 가져올지 생각할 기회를 주세요. 화를 표현할 적절한 방법을 알려주세요. 화난 감정을 말이나 그림, 일기를 통해 표현할 수 있게 되면 공격적인 성향이 줄어들 수 있습니다.

자꾸
거짓말을 하는
우리 아이

아이의 거짓말에 대처하기

3살이 된 준수는 "엄마 아빠 같이 놀자."라는 말을 잘하게 되면서부터 자꾸 거짓말을 해요. 장난감을 망가뜨리고는 자기가 안 했다고 해요. 누가 그랬냐고 물어보면 카봇이 그랬다고 하네요. 동생이 없는데 어린이집에서 친구들과 선생님에게 동생이 있다고 자랑을 하면서 동생이랑 같이 놀았다고 했대요. "어제는 동생이랑 뭐하고 놀았어. 오늘은 뭐하고 놀 거야."라면서요. 준수에게 동생 있냐고 물어보면 딴청을 피우고 대답을 안 해요. 우리 아이, 어떡하면 좋을까요?

아이는 왜 거짓말을
하게 되나요?

아이의 성장과정에서 거짓말은 습관적이거나 의도적인 것이 아니라 발달과정상의 특성으로 볼 수 있습니다. 아이는 자기중심적인 사고를 하고 아직 체계적인 논리와 사고가 발달하지 않은 상태라서 상황을 객관적으로 보지 못하고 비현실적으로 받아들이는 경우가 있습니다. 그래서 불안하고 무서운 상황이 다가오면 사실과 다른 이야기를 만들어내기도 하고, 그 순간에는 만들어낸 이야기를 그대로 믿어버리기도 합니다.

이런 경우 특별히 나쁜 의도가 있거나 누군가를 속이기 위해 거짓말을 한 것이 아니라 일어나지 않은 상황을 공상해서 이야기할 수 있을 만큼 인지 능력이 발달한 것으로 보아야 합니다. 부모들은 아이들의 거짓말에 대해 "그대로 두었다가 습관이 되면 어떻게 해요." 하며 염려하지만, 아이가 기분에 따라 하는 순간적인 거짓말은 뇌가 성장하고 발달하면서 줄어들게 됩니다.

그러나 아이가 초등학교 고학년이 되어도 거짓말을 습관적으로 하거나, 미취학 나이임에도 다른 사람에게 해를 끼치려는 좋지 않은 마음으로 거짓말을 하는 경우라면 사회성과 도덕성 발달에 어려움이 있는지 정확히 살펴봐야 합니다. 만약 있다면 교정할 수 있도록 전문 심리상담사의 도움이 필요합니다.

거짓말하는
아이의 심리

대개 아이들이 만 2~4세 정도가 되면 언어 능력과 상상 능력이 발달하면서 거짓말도 자주 하게 됩니다. 또한 동생이 생긴 첫째 아이에게서도 거짓말을 하는 행위가 자주 나타납니다. 첫째는 동생 때문에 자신을 향한 부모의 관심과 사랑이 부족하다고 느껴져서 동생에게 좌절된 마음을 품고 있습니다. 이럴 때는 첫째로 하여금 동생이 생겨서 자신이 더 소중한 존재가 되었음을 알게 해주어야 합니다.

거짓말은 초등학교 저학년 아이들에게서 흔히 나타납니다. 이 시기에는 자의식이 발달하면서 충동이나 감정을 조절할 때 일어날 수 있는 위험에서 자신을 보호하기 위해 거짓말하는 모습을 보입니다. 이때 불안감과 죄책감을 함께 경험하게 됩니다.

아이들이 거짓말을 하는 심리는 무엇일까요? 첫째, 부모와 다른 사람들의 관심을 받고 싶기 때문입니다. 부모가 아이와 같이 있는 시간이 적고, 아이에 대한 세심한 관심이나 부모와 함께하는 놀이 시간이 부족하다고 느낄 때, 아이들은 부모가 관심을 가져줄 만한 언행을 거짓으로 만들게 됩니다.

둘째, 부모에게 꾸지람을 듣지 않으려고 아이들은 거짓말을 하게 됩니다. 아이들은 부모에게 혼나는 것을 가장 무서워합니다. 그래서 야단맞지 않기 위해, 즉 사실을 있는 그대로 이야기하면 부모님께 혼날까 봐 사실이 드러나지 않도록 거짓말을 하고는 합니다.

셋째, 수치심과 모멸감 혹은 자신을 위험으로부터 보호하기 위해 거짓말을 합니다. 부모님과 선생님에게 보이기 부끄러운 상황, 예를 들어 시험을 못 봐서 성적이 잘 나오지 않았을 때, 학원에 가기 싫을 때, 친구들에게 자존심을 지키고 싶을 때, 게임을 하고 싶을 때 아이들은 거짓말을 합니다.

거짓말을 하는 우리 아이,
어떻게 할까요?

솔루션 하나, 아이가 거짓말을 하게 된 상황과 마음을 알아주세요

아이의 거짓말에 부모가 놀라고 당황해서 일방적으로 다그치게 되면 아이에게 상처가 됩니다. 아이가 거짓말을 한 행동은 옳지 않지만, 거짓말을 하게 된 마음을 이해받을 기회 없이 결과에 대해서만 일방적으로 야단을 맞게 되면 억울함과 반항심을 느낄 수 있습니다. 따라서 아이가 거짓말을 할 때는 아이가 왜 거짓말을 하게 되었는지 그 마음을 먼저 이해해주도록 합니다.

게임을 계속하고 싶어서 거짓말을 하는 경우라면, 게임을 오래하면 무엇이 안 좋은지, 왜 게임을 조금만 하도록 하는지 언성을

높이지 않고 차분하게 이야기해줍니다. 그리고 스스로 게임을 조금만 했을 때 진심 어린 격려로 북돋아주세요. 거짓말을 한 아이의 마음을 충분히 이해하고 있음을 말로 표현해주면, 부모가 자신의 마음을 알아주었다는 사실만으로 아이는 불안감과 스트레스에서 벗어나고, 거짓말을 하는 횟수가 적어집니다.

솔루션 둘, 거짓말이 좋지 않은 이유를 설명해줍니다

먼저 아이에게 거짓말이 좋지 않은 이유를 설명해주세요. 그리고 다음에 또 거짓말을 하게 되면 어떤 벌칙을 받을지 가족회의를 통해 부모와 아이가 함께 결정하도록 합니다. 이때 아이의 거짓말에 대한 벌칙으로는 체벌보다 아이가 평소 좋아하는 행동(게임이나 운동 등)을 하지 못하게 하는 것이 효과적입니다. 체벌을 받게 된 아이는 거짓말을 해서 벌을 받는다고 느끼기보다는 거짓말을 한 것이 들켜서 벌을 받는다고 생각할 수도 있기 때문입니다.

솔루션 셋, 부모가 아이에게 거짓말하지 않습니다

병원에 가기 싫어하는 아이를 병원에 데리고 가기 위해서 부모는 무심코 아이에게 거짓말을 합니다. 아이가 어려서 말을 잘 알아듣지 못하는 것 같아도 부모는 아이에게 거짓말을 하지 않도록 노력해야 합니다. 부모와 아이 사이에도 신뢰관계가 중요하기 때문입니다. 아이는 부모가 거짓말을 했다고 느끼면 부모뿐만 아니라 다른 사람들도 믿지 못하는 마음(불신)이 생길 수 있습니다.

병원에 가지 않으려 하면 아이가 좋아할 만한 환경을 갖춘 소아 전문 병원을 찾아가보면 어떨까요? 집에서 부모와 병원 놀이를 하듯이 놀이처럼 경험할 수 있는 전문 병원으로 안내합니다. 이렇듯 거짓말을 하지 않는 상황을 만드는 것이 중요합니다.

 양소영 원장의 마음 들여다보기

아이의 거짓말은 어른들의 변명과 달리 성장 발달과정에서 나타나는 자연스러운 통과의례인 경우가 대부분입니다. 또한 자신의 마음을 거짓말로 드러낼 때도 많습니다. 아이는 자신의 상상과 기분을 사실처럼 느껴서 이야기합니다. "카봇에게 무슨 일이 일어났지?" 하고 물은 다음 아이가 스스로 행동을 설명할 수 있게끔 기다려줍니다. 이러한 기회를 이용해 거짓말의 의미를 조금씩 설명해주고, "아! 카봇하고 동생 놀이를 한 거구나!"라고 말해 진실을 말하는 방법을 터득시켜주는 것입니다.

아이들에게 거짓말은 단순히 어떤 것이 사실이기를 바라는 마음입니다. 그것을 큰 소리로 말하다 보면 믿게 됩니다. 아이들이 거짓말을 할 때는 먼저 거짓말을 하게 된 이유를 알아차려주세요. 그래야 어떻게 대처해야 할지 깨닫는 데 도움이 됩니다.

아이가 저지른 일을 바로 알도록 도와주세요. "준수가 물통을 쏟지 않았다고 하지만, 봐. 거실이 온통 물투성이고 준수 양말도 물에 젖어 있잖아." 아이가 사소한 실수를 했을 때는 관대하게 대해주세요. 단, 무엇이 잘못되었는지 아이가 알게 하되 사실대로 말하는 것이 좋다는 것을 알게 해주세요. 사실대로 말해도 화를 내지 않는 모습을 보이며 아이를 안심시켜주세요. 아이가 잘못을 저지르면 문제를 해결하도록 도와주세요. 아이가 거실을 온통 물투성이로 만들었다면 아이와 함께 물걸레로 쓱싹쓱싹 청소해주세요.

아이가 사실대로 말하면 칭찬해주세요. 아이가 잘못을 저질렀을 경우에 사실대로 말하는 것이 좋다는 것을 알게 해주세요. 아이가 물통을 쏟아서 거실을 물투성이로 만들었다는 것을 인정하면 이렇게 말해주세요. "준수야, 사실대로 말해줘서 엄마는 고맙고 준수가 자랑스럽구나. 자, 이제 준수 덕분에 거실이 반짝반짝 변신하는 신나는 청소 놀이를 함께하게 되었네!"

엄마와
떨어지지 않으려는
우리 아이

올바른 애착관계 형성하기

아이가 하루 종일 제 뒤만 졸졸 따라다녀요. 잠시 눈에만 안 보여도 "엄마 뭐 해?" "엄마 여기로 와봐." "엄마, 엄마." 부르며 저를 찾아요. 책이나 장난감을 안겨줘도 그때뿐, 다시 제 옆에 꼭 붙어 있어요. 자다가 깨서 아빠한테 안아주라고 하면 마치 엄마가 자기를 버린다고 여기는 것 같아요. 자다가 깨서 엄마가 옆에 없다는 걸 확인하면 난리가 나요. 친구들과 같이 놀면 좋겠는데 놀이터에서도 친구들과 놀기보다는 엄마랑 놀려고 해요. 엄마가 잠시라도 외출하려고 하면, 집에 아빠가 있어도 울고불고 해요. 유치원에 등원하기 전에도 엄마와 떨어지지 않으려고 항상 난리예요. 유치원에 들어가면 잘 지낸다고 하는데, 우리 아이 이대로 괜찮나요?

새 학기가 시작될 때
걱정되는 분리불안

아이를 어린이집이나 유치원, 혹은 초등학교에 보내야 하는 엄마의 마음은 설레고도 두렵습니다. 아이가 아침마다 가기 싫다고 떼를 쓰지는 않을지, 회사에 자꾸 전화를 걸어 "엄마, 빨리 집에 와." 라고 보채지는 않을지, 이럴 때 어떻게 대처해야 하는지 부모로서 난감한 경우가 많지요. 혹시 분리불안이 아닌가 염려도 됩니다.

만약 문제가 있다면 주 양육자인 엄마와 아이의 애착관계가 안정적으로 만들어지지 않은 '불안정 애착'을 의심해볼 수 있습니다. 엄마가 나를 사랑하는지 확신이 없기 때문에 아이는 엄마에게 자꾸 달라붙고 확인하려고 합니다. 의존적인 성향의 아이, 부모의 일관되지 못한 양육 태도나 이사 등 주변 환경이 바뀌었을 때, 동생이 태어났거나 부모가 싸울 때 등 심리적인 스트레스가 원인으로 작용합니다. 이런 상태가 계속될 경우 아이는 높은 불안감으로 인해 충동 조절이 제대로 되지 않을 수 있습니다. 또 사회성이 부족해져 원만한 친구관계를 형성하지 못하게 됩니다.

통계적으로는 전체 아동의 2/3 정도는 부모와 안정적인 애착관계를 형성합니다. 이런 아이들은 만 3세가 되면 엄마와 떨어져 있어도 불안해하지 않으며, 엄마가 직장에서 돌아오면 웃으면서 반깁니다. 울고 떼를 쓰다가도 금방 달래져서 쉽게 정서적 안정을 얻습니다. 그러나 애착관계가 불안정한 아이들은 엄마와 잘 떨어지려 하지 않으며, 유아기를 지나 학령기에 이르러 초등학교에 입학한 후에도 애착된 사람과 분리될 때 불안하거나 우울한 모습을 지속적으로 보입니다.

안정적인 애착관계가 형성되려면 먼저 부모의 애정과 관심이 필요합니다. 분리불안은 바로 엄마의 사랑을 건강하게 경험하지 못할 때 생깁니다. 엄마가 심하게 스트레스를 받은 경우, 엄마가 산후우울증을 겪는 경우, 부부간 다툼이 잦거나 과보호하는 경우 불안정 애착관계를 형성하게 됩니다.

불안정 애착관계에서 성장한 아이는 쉽게 안정을 취하지 못하기 때문에 겁이 많고 친구들과 잘 어울리지 못합니다. 여기서 더 심해지면 아이는 정서 발달이 원활하지 못해 감정 조절이 잘되지 않으며, 친구관계가 원만하지 않으므로 사회성이 발달하기 어렵습니다. 언어 발달도 늦어져서 지능 발달에 악영향을 주기도 합니다. 이런 경우는 매우 심한 불안정 애착관계라고 볼 수 있습니다.

아이와 안정적인
애착관계 형성하기

아이와 안정적인 애착관계를 형성하려면 아이를 대하는 태도가 중요합니다. 특히 아이의 감정에 대한 이해와 몰입이 무엇보다도 중요하지요. 그러려면 집에 있을 때 아이와 충분히 놀고, 이를 통해 즐거운 경험을 차곡차곡 쌓아야 합니다.

우선 충분한 스킨십으로 아이가 정서적 안정감을 느낄 수 있게 하는 것이 우선입니다. 사랑한다는 말을 많이 하는 등 아이가 만족할 만큼 충분히 표현해주는 것이 좋습니다. 직접 살을 맞대고 체온을 느끼는 것만큼 아이에게 안정을 주는 일은 없습니다. 아이가 원할 때는 언제든지 안아주고 손을 잡아주는 등 스킨십을 충분히 해주면 좋습니다.

아이와 애착관계를 형성하기 위해 직장을 그만두는 부모들도 있는데, 하루 종일 아이와 함께 보내도 그 시간이 아이나 부모에게 즐겁지 않다면 애착관계 형성에 크게 도움이 되지 않습니다. 직장을 다니더라도 하루 중 일정한 시간, 30분씩이라도 매일 일정한 시간 동안 아이와 주고받기 식으로 놀아주면 아이는 충분히 사랑받는다고 느낄 수 있답니다.

그러나 대부분의 부모들은 퇴근 후 집에 와서도 해야 할 일이 많지요. 몸이 천근만근 무겁고 피곤합니다. 이런 상황에서 아이가 놀아달라고 떼를 쓰면 사실 부담스럽기도 합니다. 놀아주기로 약속한 것은 지켜주되, 부모도 너무 힘든 경우에는 "미안해, 예은아. 아빠가 오늘은 너무 피곤해서 재미있게 놀기 어려울 것 같아. 약속을 지키지 못했네. 대신 이번 주말에 아빠랑 풍선 배드민턴 놀이를 30분 더 하자." 하고 아이에게 양해를 구하는 것이 좋습니다. 이렇게 아이에게 양해를 구하지 않은 채 짜증을 낸다면 부모의 부정적인 심리 상태가 아이에게 불안으로 작용할 수 있습니다.

혹시 자기도 모르는 사이 아이를 심하게 혼내지 않았는지, 쉽게 짜증을 내지 않았는지 먼저 점검해보세요. 엄마의 짜증, 분노, 스트레스를 느끼면 아이는 애정을 확인하기 위해 더 많은 관심을 요구하며 떨어지지 않으려 한답니다.

엄마와 떨어지지 않으려는 우리 아이, 어떻게 할까요?

솔루션 하나, 아이의 마음 읽을 수 있는 역할놀이를 해보아요

아이들은 어른보다 표현에 서툴지만 아이들만의 방법으로 마음을 표현합니다. 그런 아이들의 심리가 그대로 표출되는 대표적인 활동이 역할놀이(Role Playing)입니다. 역할놀이는 단순한 흉내 내기가 아닌 특별한 대상을 상징화하는 놀이, 즉 상상놀이입니다. 따라

서 역할놀이에서 흉내 내는 대상은 지금 아이가 의존하거나 관심 있는 인물인 경우가 많습니다.

역할놀이를 할 때 아이가 특정 상황을 설명하고 반복한다면 좀 더 아이의 마음을 깊게 들여다볼 필요가 있습니다. 예를 들어 엄마가 아이를 야단치는 장면을 놀이한다면 엄마에 대한 두려움을 없애려는 심리를 나타내는 것이지요. 아이는 엄마와 함께하는 역할놀이를 통해 자신감과 안정감을 찾게 됩니다.

만약 엄마가 아이와 지속적으로 놀아줄 만큼 여유롭지 못하거나 극심한 스트레스 상황일 경우, 그 상황을 벗어나는 것이 우선입니다. 엄마와 아이는 정서적인 탯줄이 연결되어 있어 엄마의 불안한 마음은 아이에게 그대로 전달됩니다. 엄마가 불안한 상황에서 아이와 놀아주는 것은 아이에게도 긍정적인 영향을 주기 어려우므로, 이럴 경우 전문가의 도움을 받는 것이 좋습니다.

솔루션 둘, 안전한 대상과 익숙한 활동으로 연습해보아요

부모와 떨어지기 힘들어하는 아이들은 안전한 대상과 익숙한 활동을 선호합니다. 그러므로 부모와 분리안전한 대상과 약속을 지키는 신뢰 연습이 필요합니다. 반복적으로 되풀이되는 상황을 연습해줌으로써 불안함을 해소해주는 것입니다. 아이에게 안전한 상황이 반복적으로 되풀이됨을 설명해주고, 아이가 편안한 마음으로 연습할 수 있도록 도와주세요.

예를 들어서 "엄마는 잠깐 재활용 쓰레기를 버리러 1층에 내려갔다 올 거예요. 엄마가 얼마큼 빨리 갔다오는지 우리 규연이가 시간을 재어볼까요? 지금 8시 5분이니까 엄마가 10분까지 올라올게요. 그동안 아빠가 규연이랑 같이 규연이가 좋아하는 베이블레이드 '3, 2, 1 고 슛~' 하고 배틀을 세 번 하고 있으면 엄마가 올라올 거예요."라고 말하고, 말한 그대로 실행에 옮겨주세요.

처음 연습할 때는 분리되는 시간을 최대한 시간을 짧게 하고, 반드시 약속을 지킵니다. 아이가 충분히 적응할 수 있을 때까지 조금씩 분리 시간을 늘려갑니다. 약속을 잘 지켰을 경우에는 엄마와의 신나는 놀이 활동으로 보상해주면 효과적입니다. 엄마와 조금씩 분리하는 방식에 익숙해지도록 도와주세요.

 양소영 원장의 마음 들여다보기

아이가 엄마와 떨어지기 힘들어하는 분리불안의 모습을 보인다면, 아이가 떨어지기를 강요하기보다 아이 스스로 천천히 노력할 기회를 만들어줍니다. 아이의 분리불안이 심하다는 이유로 무리하게 아이와 떨어뜨리려고 한다면 아이의 불안감이 커지게 됩니다. 계속 엄마가 옆에 있어주거나 그냥 시간이 해결해주기를 기다릴 경우 저절로 나아지지 않기도 합니다.

아이가 다양한 경험을 시도하도록 도와주세요. 아이는 처음 대하는 사람들과 환경을 가까이 대하고 사귀면서 적응을 배우게 됩니다. 아이가 처음 대하는 사람들은 아이의 애착 대상인 엄마를 통해서 아이에게 다가가도록 유의해주세요. 아이가 원하는 것이 있다면 어떤 것인지 스스로 표현하고 말할 수 있도록 도와주세요. 규칙적인 생활습관을 가질 수 있도록 도와주세요. 아이와 많은 대화를 통해 타협하는 방법을 알려주세요. 자신이 원하는 것에 대한 요구가 명확한 아이들은 자신의 요구가 꼭 충족되어야 한다고 생각하지만 모든 것을 가질 수는 없기 때문에 절충안이 필요합니다. 아이에게 여러 가지 중에 한 가지를 선택할 수 있도록 타협하는 방법을 알려주도록 합니다.

집에 가기
싫어하는
우리 아이

눈높이 대화로 마음 열기

우리 아이는 센터에 왔다가 집에 돌아가고 싶지 않다고 떼를 씁니다. 이제 그만 집에 가자고 해도 "싫어! 여기서 선생님하고 더 놀거야. 집에 안 갈 거야."라며 고래고래 소리 지르면서 몇 시간이나 울고 안 가려고 해요. 유치원에서 하원하고도 집에 가기 싫어하고, 친구 집에 놀러갔다가도 집에 가기 싫어하고, 키즈카페에서 놀고 나서도 집에 가기 싫어합니다. 제가 볼 때는 실컷 논 것 같은데 더 놀다 가자며 집에 가기 싫다고 떼를 쓰는 우리 아이, 어떡하면 좋을까요?

애정을 느낄 수 있는 곳이
필요한 우리 아이

학교나 밖에서 실컷 잘 놀다가도 집에 갈 시간이 되면 불안해하는 아이들이 있습니다. 부모보다 자신을 돌봐주는 조부모나 보모가 더 좋다고 하는 아이들도 많아요. 집이 싫은 걸까요? 아닙니다. 가정에서 사랑과 주의를 기울여주는 대상이 없거나 집안 분위기가 유쾌하지 않을수록 아이들은 집과 멀어집니다.

맞벌이 부모는 아이와 함께 지내는 시간이 많지 않기 때문에 자녀와 유대감을 형성하는 데 어려움을 겪을 수 있습니다. 그래서 아이들은 상대적으로 함께 보내는 시간이 많은 교사나 보모를 더 따르게 됩니다. 부모가 자주 집을 비우거나 부부 사이가 좋지 않아 다투는 모습을 보이는 경우에도 아이들은 집에 가기 싫어합니다.

겉으로 보기에는 특별한 문제가 없는 것 같은데도 집에 가기 싫어하는 아이들이 있습니다. 집에서 재미있게 놀아주는 사람이 없거나, 가족이 서로에게 관심이 없거나, 부모 또는 가족 중 한 사람이 스트레스가 높거나, 양육자들의 양육관이 서로 다른 경우에도 아이는 정서적으로 불안감을 느끼고 집이나 부모를 피하려 합니다.

꼭 부모가 아니어도 아이가 애정을 느낄 수 있는 대상이 있기만 하면 되는 것 아니냐고 되물을 수도 있습니다. 물론 아이들은 교사나 보모, 조부모를 통해 애정의 욕구를 충족할 수는 있지만, 이런 상황이 지속되면 자아 발달에 필수적인 정서적 안정감 형성에 문제가 생깁니다. 결국 학교에서 생활하는 동안 친구들과 쉽게 어울리지 못하고 고집이 세지며 감정이나 행동 조절을 어려워하기도 하지요.

눈높이 대화로
마음을 열어주세요

아이들이 잘 따르는 교사나 조부모의 양육 태도를 가만히 살펴봅시다. 아이가 울면 그칠 때까지 달래주고, 아이의 이야기를 끝까지 들어주는 수용적인 태도를 볼 수 있습니다. 반면 부모는 아이를 올바른 길로 이끌어야 한다는 책임감이 앞선 나머지 잘못된 행동을 하면 즉시 지적해서 고치게 하려고 노력합니다.

　사실 아이와 친밀감을 형성하기 위한 가장 기본적인 자세는 뭔가를 가르쳐야 한다는 마음을 잠시 접는 것입니다. 부모가 '아이가 하고 싶어 하는 것을 재미있게 하도록 해야겠다.'라는 마음으로 아이를 대할 때 아이는 마음의 문을 열게 됩니다.

　또 대화할 때는 아이의 눈높이에 맞춰야 합니다. 아이들은 어른처럼 길고 논리적으로 말하는 능력이 부족하므로 중간에 "아아!"

"그렇구나." 등의 추임새를 넣어 아이가 이야기를 즐겁게 할 수 있도록 유도하는 것이 좋습니다.

아이는 대화가 길어지면 앞에서 자신이 한 말을 잊어버릴 수도 있습니다. 이때는 부모가 아이가 했던 말을 정리해주는 것이 좋습니다. 만약 아이가 움츠러들어 하던 말을 멈추면 부모는 자신이 지금 화가 나 있지는 않은지 생각해봐야 합니다. 만약 부모 자신에게 잘못이 있다고 판단되면 아이에게 바로 사과해야 합니다.

건강한 가족이라면 서로의 슬픔, 어려움을 나누고 비워내도록 도와야 합니다. '용건만 간단히'가 아닌 일상의 소소한 일들을 소재로 구구절절 이야기를 나누다 보면 감정이 전달되고 마음이 통합니다. 이렇게 서로 소통하는 가정에서는 가족 모두 함께 행복을 느낄 수 있다는 점 잊지 마세요.

집을 싫어하는 우리 아이, 어떻게 할까요?

솔루션 하나, 집에서도 다양한 경험을 할 수 있게 도와주세요

아이는 경험을 많이 할 수 있는 바깥 활동을 선호합니다. 양육자가 끊임없이 관심을 가지고 놀아주기를 원합니다. 웬만큼 놀아줘서는 만족하지 않습니다. 양육자가 잠시라도 집안일을 하거나 전화통화

를 해도 가만히 있지 않고 휴대전화를 뺏어서 던지는 경우도 있습니다. 이럴 때는 아이가 타고난 에너지가 많은 경우이므로 일단 충분한 시간을 가지고 놀 수 있도록 해주세요.

또 집에서든 외출을 해서든 '해야 할 일'을 미리 정해두고 친절하고 상냥하게 자주 설명해주고 반복해서 실천하도록 도와주세요. 단, 한 번에 한 가지씩만 알려주고 설명해주어야 합니다. 한 가지를 잘 수행해냈을 때 그다음에 해야 할 일을 알려줍니다.

"자! 선유아~ 이제 아지(강아지) 밥 주러 집으로 출발해볼까요? 우리 선유가 아지 밥 주기로 약속했지요? 그래서 우리가 5시에는 나가기로 했지요? 아지가 우리 선유 기다리고 있어요~ 지금 출발해야 아지가 배고파서 멍멍! 울지 않아요. 자~ 아지 배고파서 울지 않도록 밥 주려면 지금 출발해야 해요~ 지금 나가면 아지 배고프지 않게 밥도 줄 수 있고 다음 주에 또 놀러올 수 있어요."

아이가 약속을 잘 지키고 스스로 해야 할 일을 해냈을 때는 칭찬과 격려를 해서 아이의 기분이 으쓱할 수 있도록 해주세요. "역시 우리 선유는 약속을 지킬 줄 아는구나~ 아빠는 선유가 자랑스럽단다. 아지도 잘 돌보고 이렇게 약속을 지켰으니, 다음 주에 또 놀러가자." 이렇게 약속을 지켰을 때 결국 아이가 더 즐거워진다고 느끼게 해주세요.

솔루션 둘, 집으로 돌아가는 일을 놀이의 과정으로 만들어주세요

집에서 부모가 재미있게 놀아주지 않는다고 생각하는 아이라면 집에 들어가는 것을 좋아하지 않을 수 있어요. 그럴 경우에는 집에서도 재미있게 놀 수 있다고 아이가 인지하도록 도와주면 됩니다. 꼭 외출해야만 재미있게 놀 수 있는 것이 아니라 집에서도 신나는 놀이를 할 수 있다고 알려주고, 아이가 부모와 함께하고 싶어 하는 놀이를 합니다. 그리고 "우리 집에 가서 선유가 좋아하는 놀이를 같이 해볼까?"라고 알려줍니다. "오늘은 이 놀이를 먼저 하고 몇 시에 다른 놀이를 할 거야. 그리고 6시가 되면 집으로 가자. 집에 가면 옥토넛하고 같이 놀거야. 신나겠지!"라고 구체적으로 설명해주세요. 집으로 돌아가는 것이 놀이의 끝이 아니라 더 신나고 재미있는 놀이를 할 수 있는 하나의 과정으로 받아들이게 도와주세요.

 양소영 원장의 마음 들여다보기

아이는 놀이 활동을 통해서 두뇌가 발달하고 성장합니다. 아이와 놀아줄 때는 아이도 부모도 즐겁고 많이 웃게 되어야 합니다. 아이가 부모와의 놀이 시간을 기다리게 해주세요. 스마트폰이나 게임기, 컴퓨터, TV보다는 만들기, 그리기, 조립하기, 조작하기, 물놀이, 아이클레이, 보드게임 등의 놀잇감으로 하루 최소 30분~1시간 정도는 집에서 놀아주는 것이 가장 좋습니다. 아이가 좋아하는 놀이를 부모가 아이의 눈높이에 맞춰서 놀아주는 방법을 배워야 합니다. 아이가 5세면 5세 수준으로 놀아주어야 아이가 부모와의 놀이가 즐거워합니다.

평일에 시간이 안 된다면 주말에 집중적으로 놀아주세요. 집에서 놀아주는 방법을 잘 모르거나 놀아주기가 힘든 부모들은 주로 밖으로 아이를 데리고 나가 여러 활동에 참여를 시킵니다. 그러나 외출하더라도 아이의 놀이에 부모가 함께 참여해야 합니다. 밖에서 노는 놀이는 공놀이나 인라인 타기, 자전거 타기, 놀이기구 타기 등이 좋습니다.

또한 놀이할 때는 부모의 생각과 다른 방식으로 아이가 놀이를 하더라도 아이를 수용해줍니다. "이렇게 하는 거야." "이렇게 만들어야지." "이렇게 그려야지." "이것만 할 거야? 이제 이거 그만하고 이거 하자."라고 아이의 놀이 흐름을 끊지 마세요. 아이가 놀이에서 신나고 창의적인 사고를 발휘할 수 있도록 도와주세요. 일부러 가르치려고 애쓰지 않아도 됩니다. 놀이를 통해 아이가 자연스럽게 배워나가도록 아이가 놀이를 주도하게 하는 것이 아이의 유능감 발달에 좋습니다.

왜 화를 냈는지 이유를 말할 때는

차분하게 끝까지 들어주고 해결방법을 함께 생각해봅니다.

아이가 스스로 방법을 찾아갈 수 있도록 도와주세요.

화를 표현할 적절한 방법을 알려주세요.

화난 감정을 말이나 그림, 일기를 통해 표현할 수 있게 되면

공격적인 성향이 줄어들 수 있습니다.

지나치게
착하기만 한
우리 아이

착한 아이 신드롬 벗어나기

아이가 다른 사람의 눈치를 많이 봐요. 제가 얼굴을 조금만 찡그리거나 목소리 톤이 낮아지면 "엄마 기분 나빠요? 나 때문에 화났어요?"라고 물어봐요. 집에 놀러온 친구가 하자는 놀이면 하기 싫어도 억지로 하는 것 같아요. 친구가 어떤 부탁을 해도 다 들어주고, 엄마 아빠가 어떤 말을 해도 무조건 "네."라고 답해요. 유치원에서도 우리 아이는 친구들에게 양보도 잘하고, 배려심도 많고, 하라는 거 다 잘하고 걱정할 것이 없는 모범적인 아이라고 하는데, 마냥 좋게 들리지 않아요. 부모 입장에서 착하고 순해서 마음이 편하다가도 너무 자신의 감정에 대해서, 특히 속상하거나 화나는 거에 대해서 전혀 이야기를 하지 않아 걱정이에요.

말 안 듣는 아이보다

무서운 착한 아이 신드롬

착한 것과 착한 척하는 것은 다릅니다. 부모들이 별생각 없이 자주 하는 '착하다'라는 칭찬이 우리 아이를 착한 아이 신드롬에 빠지게 할 수 있다는 점 알고 있나요?

아이가 다른 사람의 눈치를 지나치게 살피면서 자신의 의견을 잘 내세우지 못하고 다른 사람이 자신을 어떻게 평가하는지에 대해 유난히 관심이 많다면 '착한 아이 신드롬(The Good Child Syndrome)'일 가능성이 큽니다. 착한 아이 신드롬에 빠진 아이들은 약속을 깨뜨리거나 정해진 규율을 어기는 것을 몹시 큰 잘못이라고 생각합니다.

학교 숙제나 준비물 등을 빠뜨리지도 않습니다. 자신이 잘못한 게 아닌데도 친구에게 사과를 하고, 어쩔 수 없는 상황 때문에 잘못을 했을 때도 부모님이나 선생님이 화를 내는 것이 무서워서 무조건 잘못했다고 합니다. 친구가 도움을 청하면 거절하지 못하고 다른 사람과 부딪히는 상황을 피하려고 의도적으로 노력하지요.

자신의 판단을 믿지 못하기 때문에 겉으로 감정을 좀처럼 드러내지 않습니다. 자신감과 자존감이 부족하기 때문입니다. 심할 경우 말을 더듬기도 하고, 몸에 특별한 이상이 없음에도 두통, 복통 등의 증세가 나타나기도 합니다.

부모가 습관적으로 혹은 자녀를 길들이기 위해 자주 하는 '착하다'라는 말은 오히려 아이를 불안하게 만들 수 있습니다. 혹시라도 착한 아이로 인정받지 못할까 봐 애를 태우고 스트레스를 받지요. 스트레스가 심하면 무의식적으로 손톱을 물어뜯거나 등을 긁는 버릇이 생기고, 더 심각해지면 원형 탈모를 겪거나 머리카락을 잡아 뽑는 등 불안 증세를 보이는 경우도 있습니다.

성장기에 과도한 스트레스에 노출되면 다른 아이들과 잘 어울리지 못하고, 학습에 대한 흥미도 잃습니다. 먹고 자는 데도 어려움이 생겨서 성장을 방해받습니다. 이런 스트레스는 학습 장애와 불안 장애의 원인이 되기도 합니다.

조금 덜 착하더라도
자신감 있는 아이로 키워요

올바른 사람으로 성장하도록 도와야 합니다. 하지만 착한 아이로 인정받기 위해 무조건 참거나 상대방에게 맞춰야만 한다고 생각하면 힘들어집니다. 그렇다고 나쁜 아이로 키워야 할까요? 아닙니다. 조금만 덜 착한 아이로 키우자는 것입니다. 부모는 아이의 사소한 언행에 지나치게 예민하게 반응하지 말아야 합니다. 잘한 일에 대해서는 진심으로 칭찬을 해주는 것이 바람직하지만 대수롭지 않은 일에 건성으로 칭찬하는 것은 좋지 않습니다.

아이를 키우는 데는 조금 기다려주는 자세가 필요합니다. 자신감과 자존감을 키워주려면 일상 속에서 아이 스스로 선택할 기회를 많이 주는 것이 좋습니다. 결과가 좋지 않더라도 아이는 그 과정과 경험을 통해 자랍니다. 아이의 행동에 지나치게 감정적으로 대응해 아이가 죄책감을 느끼게 해서는 안 됩니다. 아이의 실수와 잘못은 성장과정에서 겪는 일이라고 생각하고 자연스럽게 받아들일 필요가 있습니다.

또한 착하게 행동하지 않아도 되는 상황을 만들어줄 필요가 있습니다. 가족이나 친구들과 게임을 하거나 운동 경기를 통해 몸을 부딪치며 이기는 경험도 많이 하게 해주는 것이 좋습니다.

부모는 아이가 착하게 보여야만 사랑받을 수 있다는 생각을 마음속에서 떨쳐버릴 수 있도록 도와주어야 합니다.

착한 아이 신드롬,
어떻게 대처해야 할까요?

솔루션 하나, 나쁜 기분을 표현하는 것이 잘못이 아니라고 알려주세요
착한 아이는 항상 잘해야 하고 화를 내거나 기분 나쁜 표현을 하면 잘못된 것이라고 생각합니다. 사람은 좋은 기분도 나쁜 기분도 다

른 어떤 기분도 느낄 수 있다는 것을 알려줍니다. 예를 들어 "서우야, 아빠는 오늘 회사에서 이런 일이 있어서 기분이 날아갈 듯 좋았고 이런 일이 있어서 아쉬웠단다. 서우는 오늘 어땠어?" "아, 그랬구나. 아빠가 서우라면 그런 상황에서 많이 속상했을 것 같아. 싫을 것 같아."라고 상세하게 공감하고 반응하며, 감정을 표현할 수 있도록 도와줍니다.

부모가 먼저 감정을 표현해주어야 아이도 감정을 표현하게 됩니다. 그리고 부모가 아이의 감정을 있는 그대로 받아들이고 노력해줄 때 스스로 판단하는 자신감 있는 아이로 성장할 수 있게 됩니다. "그럴 땐 이렇게 해야지, 왜 그랬니?"라든가, "네가 잘못했네, 네가 틀렸어. 이렇게 했어야지."라고 결정 내려주거나 해결책을 제시해주지 마세요. 해결책을 제시해주면 부모의 기준이 아이의 기준이 되며, 아이는 부모의 관심과 칭찬을 듣기 위해서 부모가 원하는 대답을 하게 되거나, 자기감정을 있는 그대로 알아차리기 어려워집니다. 나보다는 다른 사람의 기대에 부응하는, 정해진 틀에 맞춰서 성장하게 됩니다.

솔루션 둘, 부모님과 친구들은 여전히 나를 사랑한다고 알려주세요

착한 아이는 긴장을 자주 하고 위축되기가 쉽습니다. 부모의 기대에 부응해야만 사랑받을 수 있다고 생각합니다. 부모는 아이에 대한 과도한 기대치를 낮춰줍니다. 무엇을 잘해야 착한 아이이고 못하면 나쁜 아이라는 구분 짓기보다는 상황에 따라서 달라질 수 있는 여유를 가질 수 있도록 도와줍니다.

"괜찮아. 이번에는 이렇게 되었구나. 이만큼 해보려고 노력한 걸로 엄마는 충분히 네가 자랑스럽단다." 결과보다는 과정을 중요시 여기고 칭찬보다는 격려를 많이 해주고 그 과정 속에서 존재감을 느끼고 성장할 수 있도록 도와줍니다. 자기표현, 자기주장, 토론문화를 경험하는 것도 도움이 됩니다.

🪴 양소영 원장의 마음 들여다보기

착한 아이 신드롬을 가지고 있는 아이들의 경우 자신의 감정과 욕구에 대한 표현을 많이 어려워하는데요. 일상에서 아이가 대화나 놀이를 통해서 자신의 욕구를 조금씩 표현할 수 있도록 이끌어주어야 합니다. 예를 들어 옷을 입을 때도 스스로 입고 싶은 옷을 고르게 하고, 장난감을 고를 때도 원하는 장난감을 직접 고르도록 합니다. 아이가 자신이 원하는 것, 좋아하는 것을 선택하는 경험을 통해 만족하고 스스로를 인식할 수 있는 힘을 기르게 도와줍니다.

아이가 다른 사람이 아닌 자신을 먼저 돌볼 수 아는 아이로 자랄 수 있도록 도와주세요.

또한 자신의 의견이나 생각, 감정에 대해서 수동적이기 때문에 아이의 성향에 맞지 않는 엄격한 양육 환경은 수동적인 아이의 성향을 더욱 위축시킬 수도 있습니다. 이럴 때는 부모와 아이가 꼭 지켜야 할 생활지침을 정하는 것이 좋아요. 이 기준은 아이의 성향과 발달 수준을 고려해야 합니다. 아이가 스스로 생각하고 결정하고 행동할 수 있도록 보다 자유로운 양육 환경을 만들어주세요.

마음대로 안 되면
자학하는
우리 아이

아이가 자신이 요구하는 걸 들어주지 않으면 자꾸 머리를 학대해요. 예를 들면 휴대전화를 달라고 할 때 주지 않으면 엎드린 상태에서 떼를 쓰고 울다가 바닥에 머리를 자꾸 찧는데, 위험해서 안아주면 제 가슴에 지속적으로 머리를 박는 행동을 해요. 또 방문이 닫혀 안 열리면 머리를 문에 들이박는 행동을 하고, 못하게 막으면 손으로라도 머리를 자꾸 때려요. 혹이 나서 부어오를 정도로 심하게 부딪쳐도 멈추지 않아요. 못하게 막으면 엄마 아빠도 때려요. 우리 아이, 어떻게 하면 좋을까요?

자랄수록 점점
심해지는 분노 표현

아이가 이유 없이 짜증을 내거나 신경질을 부리는 등 이해하지 못하는 행동을 할 때 부모는 당황하기 마련입니다. 부모라고 해도 아이의 행동이 무엇을 뜻하는지, 어떤 심리 상태를 나타내는지 정확히 알기 어렵지요. 아이들이 다양한 상황에서 하는 행동, 그 뒤에 숨은 의미는 무엇이고 어떻게 대처해야 좋을까요?

아이는 일반적으로 생후 100일 정도 되면 고통이나 화로 인한 속상함을 경험하는 징후를 보이기 시작합니다. 특히 배고픔과 같은 생리적 욕구를 충족하지 못하면 화를 내기 시작하고, 그러다 생후 120일 정도가 되면 화를 표현하게 되며, 생후 180일이 되면 음식 거부와 같은 행동이 나타나기도 합니다.

아기도 신체적인 구속을 당하거나 부모로부터 사랑이 충족되지 않을 때 분노를 느끼게 됩니다. 아기는 태어나면서부터 정서 능력을 지니고 있기 때문에 성인처럼 기분 좋은 느낌, 놀라는 마음, 아픈 감정 등과 같은 정서를 느낄 수 있습니다. 아이는 배변이나 식욕 등으로 좋은 기분과 불쾌한 기분을 경험하면서 때로는 화나는 마음을 느끼게 되는데, 대개는 우는 방식으로 표현됩니다.

먼저 아이는 원하는 것을 해주지 않을 때 분노하기 쉽습니다. 배고픔을 느끼는데 제때 음식을 주지 않으면 아기는 배고픔을 참지 못해 칭얼대며 울지요. 배변 후 울음으로 주 양육자에게 사인을 보냈는데, 바로 기저귀를 갈아주지 않으면 아이는 더 큰 울음으로 분노를 표현합니다. 그런 표현이 아이가 조금 더 자라면 갖고 싶은 휴대전화를 부모님이 주지 않을 때 화가 난 마음을 바닥에 앉아서 떼를 쓰면서 울거나 소리를 지르거나 부모를 때리거나 아이가 머리를 부딪치는 행동으로 표현되는 것입니다.

4~7세 아동기에는 신장과 체중이 점차 증가합니다. 유아기에 잘 수행하지 못했던 여러 가지 신체 운동, 즉 자전거, 인라인, 보드, 스케이팅, 수영 등의 활동을 할 수 있습니다. 신체 운동을 하면서 유대감과 게임의 규칙, 협동하는 법을 배우며 사회성이 발달합니다. 또래 친구들에게 관심을 가지고 어울리기도 하지만 경쟁의식을 느끼면서 싸움을 하기도 합니다. 이런 과정을 경험하면서 다른 사람을 이해하기 시작합니다.

이 시기의 아이는 사회적 조망 능력의 발달이 시작하는 단계이므로 다른 사람의 기분을 알아차릴 수는 있으나, 오직 자신과 같은 방식으로 상황을 이해한다고 여기게 됩니다. 타인에게 소리 지르기, 욕하기, 놀리기 등의 언어적인 공격성이 나타나기 시작합니다. 이전 시기의 신체적인 공격(때리기·물어뜯기·밀치기)은 언어적인 공격으로 그 형태가 변화합니다. 다른 사람이 내 물건에 손을 대거나 자기 장난감을 친구와 함께 놀아야 하거나, 내가 다른 친구의 물건을 마음대로 하지 못할 때 가장 크게 분노를 보입니다.

아이의 분노 표현은
인내심을 가지고 기다려주세요

아이가 자기 학대 등의 행동을 보이는 것은 분노 표현입니다. 분노 표현은 아이가 자신이 원하는 것을 들어주지 않는 것에 대한 스트레스 상황에서 발생합니다. 주로 민감한 성향의 아이들이 분노 표현을 자주 보입니다. 아이의 분노 표현은 일단 끝날 때까지 부모가 인내심을 가지고 참고 견디며 기다려주는 것이 중요합니다. 아이가 분노 표현을 보일 때는 아이와 다소 거리를 두고 떨어져 있는 것이 좋습니다. 분노 표현이 어느 정도 수그러들면 차분하게 말을 건네며 아이 스스로 정서를 조절할 수 있도록 도와줘야 합니다.

스킨십은 정서를 조절하는 가장 좋은 방법입니다. 아이를 자주 안아주고 뽀뽀해주는 등 촉감을 통해 부모의 존재를 자주 확인시켜주어 아이에게 정서적인 안정을 주도록 합니다. 억지로 하고 싶어 하는 것을 못하게 하거나 아이가 원치 않는 다른 물건으로 대체해서 주는 것은 바람직하지 않습니다.

아울러 아이의 분노 표현을 피하고자 무심결에 원하는 대로 바로 들어주게 되면 아이들은 분노 표현을 통해 자신이 원하는 것을 얻을 수 있다고 학습해버립니다. 이렇게 되면 아이의 분노 표현은 점점 더 심해지며 횟수도 증가하게 된다는 점 잊지 마세요.

자학하는 우리 아이,
어떻게 할까요?

솔루션 하나, 모든 걸 아이 마음대로 할 수 없다는 사실을 알려주세요

아이가 화가 난 것에 대해 이야기했다면 엄마 아빠는 그 느낌을 받아들였다고 이야기해줍니다. 예를 들어 휴대전화를 주지 않아 화가 났다는 아이에게 "우리 서준이가 전화기를 갖고 싶은데 엄마가 주지 않아서 화가 났구나." "터닝메카드를 가지고 놀고 싶은데 갖지 못해서 정말 속상하겠네." 등으로 아이의 정서를 있는 그대로 받아주고 이해해주면 되는 것입니다.

솔루션 둘, 때리는 건 안 된다고 인지시키기

아이들 중에는 자신의 화난 감정을 자신을 때리거나 아빠나 엄마, 선생님, 친구들 등을 때리는 것으로 표현하는 경우가 있습니다. 이런 아이들에게는 아무리 화가 나도 자신을 때리거나 다른 누군가를 때리는 것은 허용되지 않는다는 사실을 알려줘야 합니다. 아이가 공격적인 행동을 보일 때마다 곧바로 아이의 행동이 잘못되었음을 이야기해주고, 화가 날 때는 앞서 언급한 바와 같이 행동보다 말로 표현할 수 있도록 유도합니다.

3~7세에 부모로부터 적절한 훈육을 받고 자란 아이라면 감정 조절 능력으로 화를 가라앉힙니다. 하지만 그렇다고 해서 모든 아이가 화를 가라앉힐 수 있다는 말은 아닙니다. 아직 감정 조절 능력이 부족한 아이를 그대로 방치해두면 오히려 마음속에 분노와 반항심이 커질 수 있습니다. 아이들이 화를 못 이기다 보면 폭력성을 드러낼 때가 있습니다. 자기 몸을 벽에 부딪치거나 스스로 때리는 자해 행위, 다른 사람을 공격하는 행위, 특히 부모를 때리는 행위 등을 한다면 반드시 엄한 훈육이 필요합니다. 지나치게 권위적인 부모도 문제지만 아예 권위가 없는 것도 바람직하지 않습니다. 아이에게 권위를 잃는 때부터 어떤 훈육도 소용이 없기 때문입니다. 부모가 일관된 태도로 아이를 훈육하되 일반 상식을 넘어서는 행동을 하면 반드시 바로잡아주도록 노력합니다. 부모의 따뜻한 훈육 속에서 자란 아이는 막무가내로 떼를 쓰거나 화를 내는 횟수가 적습니다. 만약 화를 내게 되더라도 걷잡을 수 없이 심한 분노를 표출하기보단 스스로 조절하는 모습을 보입니다. 무엇 때문에 화가 났는지 정확히 알고, 부모가 아이의 감정에 공감해주고 위로를 하면 화가 대부분 풀립니다. 또 부모로부터 충분히 애정을 받았기 때문에 자아 존중감도 높아집니다.

아이가 갑자기 분노를 폭발하듯 자해 행동을 하는 이유는 부모가 지나치게 권위적이거나 엄격한 경우, 혹은 과잉보호 등 대부분 잘못된 훈육 때문에 나타납니다. 이런 아이들은 내면에 억울함과 해소되지 않는 분노가 있어 감정 조절 능력을 배워나가기 어렵습니다. 또 내면의 규범화가 이루어지지 못해 해야 할 것과 하지 말아야 할 것을 구분하기 어려워집니다. 그래서 오히려 유아기 때보다 나이가 들수록 당장 원하는 대로 하지 못하면 심한 좌절감을 경험합니다. 또 분노가 폭발하듯 더 심하게 떼를 쓰거나 다른 사람을 때리거나 스스로를 때리는 등의 공격적인 행동이 늘어나게 됩니다.

이때 부모는 아이에게는 다른 사람에게 피해를 주는 표현 방식은 안 된다는 것을 분명히 말해주어야 합니다. 일단 때리고 보자는 식의 습관 대신 다양한 감정 표현을 알려줍니다. 때리는 행동이 아닌 다른 감정으로 지금 무엇을 원하는지, 무엇 때문에 속상한지, 화가 났는지 아이가 직접 감정 표현을 자유롭게 할 수 있도록 도와줍니다.

친구와 잘 어울리지 못하는 우리 아이: 친구와의 사회성 들여다보기

친구와의 비밀이 많은 우리 아이: 아이의 또래 문화 이해하기

성에 관심이 많은 우리 아이: 올바른 성 인식 알려주기

이성교제를 시작한 우리 아이: 이성교제를 바라보는 부모의 자세

야동에서 본 성 지식을 자랑하는 우리 아이: 아이의 성에 슬기롭게 대처하기

혐오언어를 문제의식 없이 쓰는 우리 아이: 혐오언어 사용에 대한 대처법

2장

상처 주지 않고
우리 아이
사회성 알기

친구와 잘
어울리지 못하는
우리 아이

친구와의 사회성 들여다보기

학교에 입학한 수연이가 어느 날 "엄마, '재수없다'가 무슨 뜻이에
요?"라고 물었어요. 친구가 수연이에게 "재수 없다."라고 했다는
거예요. 담임 선생님과의 면담에서 아이가 소극적이어서 표현을
잘 하지 못한다고 들었어요. 그래서 친구들에게 오해를 받는 경우
도 있다고 하네요. 친구들과 잘 지내고는 싶은데 방법을 잘 모르는
것 같다고 하셨어요. 친구들과 활동 중에 갑자기 끼어들거나 상황
에 맞지 않는 엉뚱한 표현을 하기도 해서 친구들에게 인기를 얻지
못하는 것 같아요. 뭘 해도 처음에는 아무 말 안 하고 계속 하다가
나중에 가서 "나 안 할래."라고 해요. 어떡해야 친구들과 잘 어울
릴 수 있을까요?

학교라는 작은 사회에서 어울리지 못하는 아이들

학교는 작은 사회입니다. 아이가 친구를 잘 사귀지 못한다는 사실을 알았을 때 부모는 보통 세 가지 정도의 반응을 보입니다. 첫째 학교에 가서 친구들을 만나 아이와 잘 지내주기를 부탁하거나, 둘째 "너는 왜 친구 하나 못 사귀니?"라며 아이를 다그치거나, 셋째 "곧 나아지겠지."라며 아이가 처한 상황을 그대로 둡니다.

첫 번째 유형은 아이가 부모의 배려를 보면서 안정감을 얻을 수는 있으나 오히려 의존도가 높아질 수 있습니다. 두 번째 유형은 아이가 친구와의 관계에 적응하기 어려울 뿐만 아니라 아이를 더욱 위축되게 만듭니다. 세 번째 유형 역시 그 과정에서 아이가 사회성을 익힐 기회를 잃게 됩니다.

요즘에는 문제가 없는 아이들도 자녀를 더 잘 이해하고 강점을 일찍부터 키워주려는 부모님과 함께 아동심리상담센터에 오는 경우가 많습니다. 혹은 학교 선생님의 조언이나 추천으로 심리검사를 받으러 오는 경우도 많습니다. 이 가운데 상당수는 공부는 곧잘 하지만 친구들과 어울리지 못하는 아이들이지요. 농담과 진담을 구별하지 못하고, 항상 진담으로 받아들여서 혼자 심각해지며, 친구들의 실수나 장난에도 적절히 대응하지 못합니다.

상담을 받으러 왔던 초등학생 경민이도 그런 경우였습니다. 집에서는 문제행동이 별로 드러나지 않았기 때문에 대수롭지 않게 생각했던 경민이의 부모는 선생님에게서 아이의 상태를 들은 후 이런저런 걱정을 하며 찾아왔습니다. 그래서 아이의 정확한 상태를 알기 위해 종합심리검사를 진행했습니다.

검사 결과 경민이의 지능은 우수 수준으로, 교육을 통해 축적된 지적 잠재력은 우수했지만 실생활이나 사회적 상호작용에 필요한 사회적 정서지능은 부족한 것으로 나타났습니다. 자신의 감정을 표현하는 데 자신감이 없었으며, 친구들이 자신을 어떻게 볼지에 대한 사회적 민감도가 매우 높았습니다. 가족과 친밀한 유대관계를 맺고 싶어 하는 욕구가 상당히 강했지만 실제 부모로부터 긍정적인 피드백을 많이 받지 못하고, 눈치를 지나치게 보고 마음에 상처를 많이 받은 상태로 보였습니다.

부모의 높은 기대와
아이 사회성의 관계

경민이는 사회성과 정서적 문제로 인해 사회적 적응과 사람들과의 관계 형성이 어려운 상황으로 진단되었습니다. 경민이 같은 경우에는 놀이치료와 가족치료로 자연스럽게 자신의 감정과 생각을 표현하는 법을 익히고, 가족들과 상호소통을 하는 경험이 매우 효과적입니다.

경민이는 사회성 훈련을 통해서 친구와 친해지고 상호작용을 하며, 가족들과도 웃음을 보이며 함께 즐겁게 대화하게 되었습니다. 이후 학교생활에도 잘 적응했습니다. 눈치를 덜 보고 자신감 있는 모습으로 친구들에게 먼저 말도 걸고, 친구들과의 관계에서 자신의 감정을 표현하고, 적응할 수 있는 자존감이 향상되었습니다.

주말에는 집 안보다는 집 밖으로 나가서 활동하는 것이 좋습니다. 공원에서 산책하기, 줄넘기하기, 배드민턴 치기 등의 가족활동은 아이의 사회성을 증진시킵니다. 사회성 훈련의 기본은 바로 부모와 아동의 건강하고 친밀한 관계 경험에서 시작되기 때문입니다.

친구와 잘 어울리지 못하는 우리 아이, 어떻게 할까요?

솔루션 하나, 명확한 의사소통을 도와주세요

일반적으로 친구들과 잘 어울리는 아이들은 자신의 의사를 잘 전달하고, 상대의 이야기를 잘 듣습니다. 상대가 나에게 어떤 메시지를 전하려 하는지, 무엇에 관심과 흥미가 있는지 쉽게 알아차리고 이에 맞게 대응합니다. 따라서 친구와 잘 어울리는 아이로 키우려면 '예'와 '아니요'를 명확하게 구분하고 현재 자신의 상태나 욕구를 적절하게 표현해 상대가 자신을 예측할 수 있게끔 해야 합니다.

아이는 부모와의 의사소통을 통해 대화법을 익힙니다. 그러므로 아이가 스스로 이야기를 엮어낼 수 있도록 격려해주고 이야기할 기회를 많이 만들어줘야 합니다. 부모가 이야기를 시작하고 끝은 아이가 맺는 연습을 하는 것이 좋습니다. 부모가 "오늘은 학교에서 무슨 일이 있었니?"라고 물으면 아이가 "새로운 친구를 사귀었어요. 그 친구는 내게 누구냐고 물었고, 무엇을 좋아하는지 말해달라고 했어요."라고 답하는 식입니다. 반대로 아이가 이야기를 시작하면 부모는 아이의 말이 이어질 수 있도록 노력합니다.

부모가 좋은 친구관계를 경험하게 해 사회성을 키우는 것도 좋습니다. 각 가족 구성원의 날을 정해 하루는 아빠가, 하루는 엄마가, 하루는 아이가 좋아하는 일을 해 아이가 자기의 욕구를 절제하고 상대를 배려하는 마음을 갖게 하는 것이지요.

부모가 아이의 친구관계에 개입할 때는 아이들이 알아차리지 못하도록 자연스럽게 해야 합니다. 친구 사귀기에 문제가 있다면 과학실험학원, 축구클럽, 캠핑, 체험학습장에 참여해서 친구들과 어울릴 수 있는 기회를 마련해보세요. 같은 반 친구, 이웃 친구들을 집으로 초대해 함께 어울리는 시간을 만들어주는 것도 좋습니다.

솔루션 둘, 스스로를 이해하고 자신감을 갖게 해주세요

친구를 사귀기 위해서 가장 필요한 것은 자기 자신에 대한 이해와 자신감입니다. 자신에 대한 이해와 이를 바탕으로 한 자신감은 자신과 어울리는 친구를 찾는 데 도움을 주고, 친구에게 당당하게 자기표현을 할 수 있게 해줍니다.

　또한 친구에게 먼저 다가가는 노력이 필요해요. 인기가 있는 친구를 고르기보다는 가까이 있는 친구들과 깊게 친해지도록 노력해보아요. 친구들에게 먼저 밝게 인사하고, 조금씩 대화를 나누어보도록 해요. 친구의 말을 잘 들어주고, 친구의 입장이 되어서 느끼고 생각하며 존중해주는 태도를 가질 수 있도록 도와주세요. 여러 활동을 같이 해보는 것도 좋은 방법이 될 수 있어요. 운동을 같이 하거나, 학원을 같이 가거나, 자원봉사 활동 등을 같이 해보는 것도 좋아요.

양소영 원장의 마음 들여다보기

　친구를 사귀는 것은 아이의 사회 정서 지능 발달에 있어서 매우 중요한 과정입니다. 친구들과 함께 활동하면서 서로 모방하고 즐거운 시간을 나눔으로써 정서적 안정감을 경험할 수 있으며, 성숙한 인격을 만들어가는 데 꼭 필요한 공감, 경청, 배려, 용기, 인내심을 발달시킬 수 있습니다.

아이는 부모를 보고 배우기 때문에 가정에서는 부모가 부부 간·가족 간 배려하는 마음과 언어, 행동을 보여주어야 합니다. 가족을 위한 말과 행동을 함께 노력해보는 것도 유익한 방법입니다. 가족의 주말을 정해서 첫째 주는 아빠를 위한 주말, 둘째 주는 엄마를 위한 주말, 셋째 주는 누나를 위한 주말, 넷째 주는 동생을 위한 주말로 서로가 원하는 대로 주말을 계획하고 서로를 위해 노력하면 함께 행복해집니다. 다른 사람의 얼굴 표정을 살펴보고 상대방의 마음 상태를 느끼는 연습도 필요합니다.

아무리 내가 옳더라도 일방적이거나 지나치게 자기주장만 하는 표현은 친구들이 좋아하지 않을 수 있음을 잘 설명해줍니다. 아이가 친구에게 거친 말을 하거나 공격적인 행동을 할 때는 무엇 때문에 화가 났는지 충분히 귀 기울여 들어준 뒤 아이의 서툰 표현을 적절하게 다듬어주어야 합니다.

무엇보다 가족관계에서의 불편함이 친구관계로 번져가지 않도록 해야 합니다. 집에서 편안하고 행복하게 서로 위하는 가족의 모습이 아이의 사회성으로 모델링됩니다.

친구와의
비밀이 많은
우리 아이

아이의 또래 문화 이해하기

우리 아이가 요즘 들어 가방을 보여주지 않으려고 해요. 제가 손이
라도 대면 소리부터 지르고 무언가 숨기려고 하는 것 같더라고요.
혹시 아이가 담배를 피우는 건 아닌지 걱정이에요. 행실이 좋지 않
은 친구들과 어울려 다니는 것 같고, 뭘 물어봐도 잘 이야기를 해
주지 않아요. 전화해도 잘 안 받고 집에 늦게 들어와요. 밤늦도록
스마트폰을 가지고 게임을 하고, 유튜브에 빠져 지내는 것 같아요.
스마트폰을 뺏어도 보고, 야단도 쳐봤지만, 아무 소용이 없어요.
친구들 말만 따르는 것 같고, 부모 말을 잘 듣지 않으려고 하고…
혼내면 오히려 더 반항하고 더 말을 듣지 않으려고 해서 힘들어요.
우리 아이, 어떡해야 하나요?

학교에 존재하는
또래 문화

청소년은 가족 구성원과의 관계보다 친구와의 관계를 선호하는 경향을 보입니다. 특히 부모와의 친밀도는 감소하지만 친구와의 친밀도는 증대합니다. 부모와 자녀의 관계를 주도하는 부모는 강압적인 부분이 있을 수 있지만, 친구는 부모와 달리 강압적이거나 비판적이지 않기 때문입니다.

청소년은 친구와의 관계 속에서 지지받고 친구들 사이에서 지위를 얻게 됩니다. 즉 친구와의 관계는 기본적으로 평등한 관계라고 볼 수 있습니다. 청소년기의 우정은 정서적인 특징이 있습니다. 또래 문화에 얼마나 충성하느냐, 신뢰하느냐, 비밀을 나눌 수 있느냐가 중요한 척도가 됩니다. 청소년기의 우정은 정서적, 도구적 지지를 나눌 수 있는 중요한 근원이 되며 안정적이고 친밀한 관계로 발전합니다. 때때로 친구들끼리 특정 집단으로 무리 짓고 그러한 집단은 소속원의 관심사, 행위, 가치관 등에 영향을 줍니다. 패거리 집단의 등장은 이에 속하지 않은 청소년들의 사회적 관계 유형에 영향을 줍니다.

또래 집단은 집단 소속감을 바탕으로 구성원들이 다양한 정체성(identity)을 실험하고 발달시킬 수 있는 장을 제공합니다. 학교 내에 존재하는 다양한 또래 집단들은 나름대로 서열을 갖고 있으며 이에 따라 그에 속한 구성원의 학교 내 지위도 존재합니다. 집단의 학교 내 지위는 학생들 사이에 얼마나 잘 알려져 있는가에 따라 결정되는데, 보통 학생들 사이에 인기가 많고 공부를 잘하는 학생들의 집단이 리더 집단으로 등장합니다.

또래 집단 문화는 주로 학교를 중심으로 형성되며 자신들끼리 다양한 영역의 관심을 공유합니다. 특히 패션, 선호하는 음악이나 활동, 학습에 대한 관심 정도, 비행에 대한 관심 혹은 가담 등을 공유합니다.

또래 집단 구성원들은 이미 자신과 비슷한 사람들로 구성된 집단을 선호합니다. 이들은 상호작용을 통해 서로 영향을 주고받습니다. 구성원들 간에는 전염 효과가 있어 혼자라면 하지 않을 행동을 응집력이 강한 집단 구성원으로서 하기도 합니다. 이러한 응집력은 또래 집단 내에서 집단의 규범에 따르지 않는 구성원을 '선택적'으로 제거하게 합니다. 제거된 구성원은 다른 집단에 들어가지 못하며, 다른 구성원들로부터 괴롭힘을 당하기도 하지요.

아이들의 또래 문화
자세히 보기

무분별한 연예인 모방

10대 초반의 여학생들이 성인 수준의 진한 화장을 하고 다니는 모습을 흔하게 볼 수 있습니다. 때와 장소를 가리지 않고 화장에 많은 신경을 쓰는 것처럼 보입니다. 연예인을 동경하는 아이들이 늘어나고 외모를 가꾸는 데 집착하는 사회 풍조가 청소년들의 화장 문화에 한몫하고 있습니다. 청소년들의 머릿속에는 자신이 동경하는 연예인의 화장을 따라 하면 자신도 예쁘게 보일 수 있을 것이라는 생각이 자리 잡고 있지요.

이렇게 성인 문화를 무분별하게 따라 하는 것은 청소년기 정체성의 혼란으로 이어질 우려가 있습니다. 현재 자신의 역할이나 미래에 대해 고민을 소홀히 여기는 것입니다. 또 거리에는 화장품 로드숍과 성형외과, 피부 관리숍이 즐비하며 스마트폰으로 누구나 관련 정보를 쉽게 접할 수 있다 보니 아이들이 영향을 받지 않을 수 없습니다. 화장에 몰두하는 것은 청소년의 몸과 마음에 모두 부정적인 영향을 줄 수 있습니다.

스스로에 대한 자존감 부족

요즘 청소년은 습관적으로 화장을 하므로 화장을 하지 않으면 불안해하기도 합니다. 나만 화장을 하지 않으면 친구들과의 또래 문화에서 소외될 수도 있다는 불안감입니다. 화장품에 유독 집착하는 것은 외모뿐 아니라 스스로에 대한 자존감이 부족한 탓도 있습니다. 아이들이 자아 정체성을 형성하는 과정에서 자신의 외모도 자존감을 세우는 하나의 방식이 되고 있습니다. 예쁘고 멋져 보일수록 자존감이 올라간다는 생각이 화장을 부추기는 원인으로 작용하는 것입니다.

잘못된 경험을 공유

술을 마시거나 담배를 피우는 것도 청소년들의 또래 문화로 자리 잡고 있습니다. 한번 또래 집단에서 경험하고 나면 자신도 모르게 습관으로 이어집니다. 술과 담배의 강렬한 자극으로 심장박동이 빨라지고, 식은땀이 나고, 몸에서 전기가 흐르는 느낌과 동시에 아드레날린이 분비되는 것을 즐기는 것입니다. 이러한 강렬한 경험은 감정을 조절하는 중추에 저장되고 상당 기간 지속됩니다. 그러므로 술을 마시거나 담배를 피우지 않으면 지루해하거나 잠시도 가만히 있지 못하는 일종의 금단 증상을 보이기도 합니다.

또래 문화에 빠진 우리 아이,
어떻게 할까요?

솔루션 하나, 건전한 문화를 경험하게 해주세요

잘못된 청소년들의 또래 문화를 바로잡기 위해서는 그들만의 건전한 문화를 만들어내는 것이 중요합니다. 건전한 청소년 문화를 위해 학교에서는 청소년들이 서로 도우며 지지하고 협동하는 관계 형성을 도모해야 합니다. 성인들은 청소년 문화에 대한 선입관을 극복하고 청소년 세대와 기성세대와의 의사소통을 원활히 할 수 있도록 노력해야 합니다.

지역 사회에서는 청소년의 자발성과 창의성, 자생성을 육성하는 데 관심을 두고 건전한 가족 문화 및 지역 공동체와의 연계를 통해 청소년 문제를 조명해야 합니다. 또 학교에서는 특별활동 활성화 및 청소년 문화 활동 지도를 위한 교사의 전문성을 확보해야 합니다. 청소년을 위한 문화 공간과 적절한 프로그램 개발, 운영도 필요합니다.

솔루션 둘, 스스로 문화를 바꿀 수 있게 도와주세요

청소년기에 나타나는 또래 문화는 또래 집단을 통해 해결해야 합니다. 청소년의 음주 및 흡연은 또래 집단, 즉 친구들의 영향으로 호기심을 갖거나 교우관계를 유지하기 위해 시작하는 경우가 흔합

니다. 이러한 경우 또래 집단 전체를 집단 상담하거나 집단 자원봉사 등을 하도록 지원해 또래 집단 전체가 술과 담배에서 벗어나도록 도와줘야 합니다.

청소년들이 주도적으로 집단 회의를 열어 술과 담배의 악영향에 대해 토론하게 하는 것도 효과적입니다. 이러한 방법은 집단이라는 특수한 상황 때문에 훨씬 더 도움이 되지요. 부끄러움이 많거나 내성적인 학생은 집단의 공통성을 통해 자신만이 그런 것이 아니었다는 것을 이해함으로써 도움을 받습니다. 부끄러운 행동을 했던 학생들의 집단은 자기들끼리 격려해줌으로써 도움을 받을 수 있습니다. 지나치게 선생님에게 의존적인 학생은 집단으로 의존심이 확산되어 여유가 생깁니다. 권위에 도전하는 경향이 강한 학생은 집단에서 감정 표현이 쉬워져 긴장을 줄일 수 있습니다. 더 효과적인 상담으로 이어지게 하려면 또래 상담 훈련 프로그램을 통해 서로가 또래 상담자가 되어 돕게 하면 됩니다.

🎆 양소영 원장의 마음 들여다보기

청소년기에는 성인과 달리 두뇌의 보상체계가 잘 작동하지 않습니다. 따라서 당근이나 채찍을 제시해도 사춘기 자녀들에게 영향력을 주기에는 역부족입니다. 특히 스마트폰의 위험성을 가르치기에 앞서 무엇보다 먼저 편안한 가정 분위기를 만드는 게 우선입니다. 사람은 생리적 필요와 안전이 확보되어야 감정적 추구를 하게 되는 성향이 있기 때문이지요.

청소년기에 나타나는 왕따나 온라인 게임 중독 등의 현상도 알고 보면 사회에 적응해가는 정상적인 성장과정의 일부분이기도 합니다. 부모들이 자녀를 양육할 때 한 가지 측면만을 강조하지 말고 세상의 다면적 가치를 가르치고 대처방법을 알려주는 것이 중요합니다. 초등학교 고학년부터 시작되는 청소년 문화가 중학교와 고등학교 시절을 거치면서 어떻게 질풍노도의 시기를 겪고 어떻게 긍정적인 자아관으로 성장하게 되는지 부모들이 먼저 이해해야 합니다.

사춘기 아이들의 거친 언어와 반항적 태도, 특정 문화에 대한 과몰입 등 청소년기는 또래 집단 중심의 문화에 빠지는 경향이 있습니다. 이때 부모는 자신의 경험을 이야기해주면서, 세상은 그 너머 다양한 모습을 갖고 있다는 걸 알려주고, 아이 스스로 선택하고 결정할 수 있도록 기다려주고 격려해주어야 합니다.

성에
관심이 많은
우리 아이

올바른 성 인식 알려주기

우리 아이가 집에서 가끔씩 성기를 만지면서 놀아요. 잘 때마다 엄마 가슴이나 팔꿈치를 꼭 만지면서 자고요. 이제 컸으니까 만지지 말라고 못하게 했어요. 그런데 얼마 후에 유치원에서 낮잠 시간에 옆에서 자고 있는 여자아이의 팬티에 손을 넣어서 성기를 만졌대요. 여자아이의 부모님은 당연히 크게 화를 냈어요. 우리 아이를 퇴소시키지 않으면 자기 아이를 유치원에 보내지 않겠다고 하네요. 아이의 성교육은 어떻게 해야 하는 걸까요?

감출수록 더해지는
성에 대한 호기심

유아기의 성 개념 발달은 자아 발달과도 관련 있는 중요한 발달과 정입니다. 그러나 우리나라에서는 궁금해하지만 쉽게 꺼낼 수 없는 단어가 바로 '성'입니다. 이야기를 잘못 꺼냈다간 부모님에게 혼이 날지도 모르고 친구들이 나를 이상한 눈으로 쳐다볼 수도 있습니다. 이런 이유로 많은 아이들이 성적 호기심을 억누르고 있는 셈이지요. 남녀의 몸은 왜 다른 건지, 아이는 어떻게 생기는 건지 궁금한 게 너무 많은데 말입니다.

영유아 시기에 성기나 남녀의 다른 점에 대해 호기심을 갖는 것은 자연스러운 현상입니다. 발달적으로 살펴보면 3~4세 정도부터 성기에 대한 관심이 나타나기 시작합니다. 아이가 이에 대해 물어본다고 지나치게 놀랄 필요도, 갑자기 성교육을 시켜야 한다는 강박감을 느낄 필요도 없습니다. 물어보는 것에 대해서만 알려주세요. "아빠 거는 엄마 거랑 왜 달라?"라는 질문에 "아빠는 남자고 엄마는 여자라서 다르게 생겼어. 남자와 여자는 다르게 생겼단다."라고 대답해주면 됩니다.

영아기(0~3세) 아이는 부모가 안아주는 것, 수유, 목욕, 기저귀를 갈아줄 때 닿는 손길 등으로 자신의 존재를 알게 되고 몸에 대한 긍정적인 이미지를 만들어갑니다. 아이가 신체에 호기심을 가지고 탐색하는 과정에서 자신의 성기를 만지는 경우도 있습니다. 이때는 과잉반응을 보이거나 아이에게 훈육을 하기보다는 자연스럽게 아이의 관심을 다른 데로 돌릴 수 있도록 도와주세요. 아이가 자신의 신체를 탐색하며 긍정적인 마음을 가질 수 있도록 아이와 함께 손발 그리기나 신체기관 짚어보기 놀이를 하는 것도 도움이 됩니다.

유아기(4~5세) 아이는 성 역할을 구별하는 시기입니다. 나와 다른 모습을 가진 이성의 신체에 대해 아이들은 호기심이 생기고, 아기가 어떻게 태어나는지에 대해서도 궁금해합니다. 이 시기에 성에 대한 근본적인 태도와 성의 가치관이 결정되기 때문에 아이가 왜 이런 궁금증을 가지게 되었는지 배경을 파악하고 아이가 이해할 수 있는 수준으로 정확하게 대답해주세요.

그림이나 사진을 함께 보면서 아이가 궁금해하는 것이나 신체적인 차이에 대해 설명해주세요. 아이와 함께 목욕 놀이를 해보는 것도 좋습니다. 엄마나 아빠와 함께 목욕을 하면서 나와 다른 부분은 무엇인지 알게 되고 자연스럽게 남자와 여자의 신체에 대한 궁금증을 해소시킬 수 있습니다.

아동기(6~7세) 아이는 성 역할 구별 의식이 뚜렷해지기 때문에 이성친구에게 부끄러움을 느끼거나 관심을 가지기도 하고, 같은 성을 가진 또래 친구하고만 어울리는 경향도 나타납니다. 또한 이성친구 앞에서 옷을 갈아입거나 벗는 것은 창피한 일임을 알게 됩니다. 자신의 소중한 몸을 다른 사람에게 함부로 보여주거나 만지게 해서는 안 된다는 것을 인지해야 합니다. 상상과 생각을 많이 하는 시기이기 때문에 아이는 더욱 구체적으로 질문하게 됩니다. 아이가 성에 대해 질문할 때 관련된 성교육 동화를 함께 읽어보면 좋습니다.

초등학교 저학년(8~10세)은 정확한 개념이 필요한 시기입니다. 성교육에서 중요한 것은 단어와 개념을 알려주는 겁니다. 음경, 음순, 질, 자궁 등 생식기에 대한 정확한 명칭을 쓰도록 하며, 생식기 기능을 설명하면서 몸의 귀중함을 알려줍니다. 남성과 여성의 차이는 생식기 차이일 뿐 인격적으로는 같다는 것도 알려줍니다.

초등학교 고학년(11세~)은 구체적인 교육이 필요한 시기입니다. 실제 초경과 몽정을 하고 임신 능력도 있는 나이입니다. 아이들도 주변에서 들은 이야기가 많기 때문에 왕성한 호기심을 보이며, 성행위에 대한 구체적인 대답을 듣기 원합니다. 이때부터 부모와 대화가 이루어져야 나중에는 성에 대해 이야기할 수 있습니다. 생리와 몽정에 대한 설명을 계기로 성교육으로 소통합니다.

학령전기(3~6세) 무렵 아이들의 성적 관심은 형제 혹은 또래로 향하게 됩니다. 따라서 대부분의 아이들은 소꿉장난을 하면서 엄마 아빠 놀이 또는 의사 놀이 등을 하곤 합니다. 또 이 시기에는 성적인 관심이 증가하게 되고, 남녀의 해부학적인 차이, 성관계, 출산 등에 대해 다양한 질문을 하게 됩니다. 이때 부모는 당황하지 말고 아이의 수준에 맞춰 질문에 대답해주면 됩니다. 부모가 당황하면 아이들은 자신의 신체를 수치스럽다거나 부끄럽다고 느끼게 되고 성적인 문제를 숨기면서 오히려 더 집착하는 모습을 보일 수 있습니다.

초등학교에 입학하게 되는 시기에는 상대적으로 성적인 관심은 줄어듭니다. 대부분의 아이들은 더 이상 엄마의 가슴을 만지려 하거나 자신의 성기를 보여주려는 행동은 하지 않습니다. 대신 그림을 그릴 때 여자의 가슴이나 성기를 그리는 경향이 있고, 또래 친구들의 성기를 만지거나 자신의 성기와 비교해보기도 합니다. 부모들은 아이들이 성장함에 따라 좀 더 조심스럽게 행동하게 되는데, 이것이 지나치면 아이들은 신체를 지나치게 개인적이고 때로는 나쁘고 더러운 것이라는 부정적인 개념을 가질 수 있습니다.

지나친 성에 대한 관심으로
성조숙증이 걱정돼요

여자아이는 8세 미만, 남자아이는 9세 미만에 2차 성징이 나타나는 것을 성조숙증이라고 합니다. 2차 성징의 조기 발현, 빠른 골성숙, 최종 신장의 감소, 부적절한 체형과 정신 행동 이상 등이 관찰됩니다. 여자아이에서 유방 발달, 남자아이에서 고환 발달로 시작해 정상 사춘기와 동일하게 진행되지요. 성조숙증은 신체적 및 정신적으로 아동과 가족에게 불안을 초래하고 성적 학대의 대상이 되는 경우도 있습니다.

성조숙증은 보통 여자아이들이 더 많이 겪는데, 남자아이에 비해 5~10배 정도 흔하게 발생합니다. 여자아이의 경우 90% 정도가 원인 질환을 알 수 없는 특발성인 반면, 남자아이는 일부에서 원인 질환이 발견되는 사례가 있습니다. 남자아이의 경우 75%까지 중추신경계 이상이 발견됩니다. 뇌종양이나 뇌 기형, 뇌 손상, 갑상샘 이상, 난소나 고환 또는 부신의 질환, 성호르몬제 등이 성조숙증의 원인이 됩니다.

성조숙증은 사춘기의 신체 변화뿐만 아니라 성호르몬에 의한 조기 골 성숙으로 인해 키가 전부 자라지 않아 성인이 되었을 때 작아질 수 있습니다. 또한 여자아이의 경우 빠른 초경에 대한 대처가 미숙할 수도 있으며, 심리 사회적인 문제나 문제행동 등이 동반될 수도 있습니다.

그러나 사춘기가 시작되었다고 해서 바로 초경을 하거나 성장이 멈추는 것은 아니기 때문에 과도한 걱정은 하지 않아도 됩니다. 어린 연령에서 사춘기가 시작되어 성조숙증으로 진단되었다면 성호르몬 억제제를 이용해 사춘기를 지연시키는 치료가 가능합니다. 반면 심리 정서적인 요인이 있었다면 그 원인에 대한 심리 치료를 같이 받아야 효과적입니다.

성에 관심이 많은 우리 아이,
어떻게 할까요?

솔루션 하나, 올바른 성 지식을 얻을 수 있게 도와주세요

성교육은 단순한 호기심을 넘어서 몸과 성이 얼마나 소중하고 아름다운 것인지 알고, 내 몸을 지킬 수 있는 가장 중요한 교육이라고 할 수 있습니다. 부모와 함께 성에 대해 대화를 나누는 아동 청소년은 우리나라에서 5%도 안 되는데, 이 아이들은 대부분 성을 소중하고 아름다운 것으로 받아들이고 있습니다. 몸의 소중함, 특히 생식기는 함부로 만지거나 장난치는 것이 아니라고 알려주고 지나칠 경우 건강상 문제가 될 수 있음을 인지시켜야 합니다.

솔루션 둘, 자위행위는 부끄러운 것이 아니에요

아이가 자위를 하는 모습을 보게 되더라도 중간에 놀라서 멈추게 하지 말아야 합니다. 중간에 자위가 끊기게 되면 그 느낌이 스트레스로 남습니다. 그래서 더 자위에 집착하게 되기도 합니다. 자위가 끝나기를 기다렸다가 편안하게 성교육해주는 것이 바람직합니다. 특히 아이가 수치심과 죄책감을 느끼지 않도록 해야 합니다. 집착하며 체크하고 야단하고 협박하면 몰래 더 자위에 빠져들게 됩니다. 부모가 못 하게 하거나 싫어하는 부정적인 느낌을 주는 것은 아이에게 도움이 되지 않습니다.

반면 자위행위를 모르는 척 무시하게 되면 아이는 다른 사람 앞에서 해도 괜찮은 것으로 받아들이게 됩니다. 자녀의 자위행위를 본 부모는 과잉반응을 보이지도, 아이의 행동을 무시해서도 안 됩니다. 그러므로 "뭐하는 거니?" "절대 하면 안 돼!"라고 말하기보다는 "이렇게 해보자." "주의하도록 하자." 등 자연스러운 반응과 긍정적인 언어로 대하도록 합니다.

 양소영 원장의 마음 들여다보기

아이에게 올바른 성 의식을 심어주고 싶다면 부모가 성에 대해 긍정적인 생각을 가져야 합니다. 아이가 성에 대해 질문할 때 부모는 당황해서는 안 됩니다. 아이의 질문에 대해서 자연스럽게 대답해주면 됩니다. 아이는 부모가 질문에 대한 대답을 하기 전에 이미 표정과 분위기로 부모의 당황을 알아차립니다. 부모가 당황하거나 회피하거나 거짓말을 한다면, 아이는 '부모님을 걱정하게 하는 것이구나.' '성은 감춰야 하는 것이구나.'라는 생각을 갖게 됩니다. 아이가 성에 대한 자신의 생각을 자유롭게 표현할 수 있도록 편안한 마음으로 대해줍니다.

이성교제를
시작한
우리 아이

초등학교 3학년인 우리 아이가 남자친구를 만나고 다니는 것 같아요. 밤에 잠을 안 자고 카톡을 주고받는 것도 같구요. 드라마에서 키스신이 나오면 유독 관심 있게 보는 것 같아서 걱정이에요. 아직 초경도 하지 않았지만요. 요새 부쩍 옷차림에 신경을 쓰고 남자친구를 만나러 나갈 때는 화장도 하는 것 같아요. 한번은 야단을 쳤더니, 몰래 숨어서 만나는 듯합니다. 성교육도 아직 하나도 안 해주었는데, 남자친구를 못 만나게 해야 하는 걸까요?

사춘기 청소년들이
생각하는 이성교제

초등학생 4학년 이상의 청소년들이 30% 이상 이성교제를 경험하고 있습니다. 초등학생들의 이성교제는 이제 자연스러운 일이 되었습니다. 일찍 이성에 눈을 뜬 우리 아이들의 70%가 이성교제에 찬성하고 있습니다. 최근 사춘기를 경험하는 초등학생들이 많아지면서 이성에 대한 관심도 증가하고 있습니다. 신체 성장과 함께 심리 변화도 생기면서 성에 대한 호기심이 일어나 이성으로부터 관심과 호감을 주고받는 행동이 나타나는 것입니다.

이성교제를 하는 초등학교 아이들 중 60%는 교제 사실을 부모에게 말한 것으로 조사되고 있습니다. 스킨십은 손잡기, 어깨동무, 안기 등 순으로 답했습니다. 아이들이 이야기하는 이성교제의 좋은 점은 '서로 의지하고 함께 놀 수 있어서 좋다.' '공부하는 데 도움이 된다.'라고 했으며, 안 좋은 점은 '돈을 많이 쓰게 된다.' '헤어지게 되면 힘들다.' '학업에 지장을 준다.'라고 이야기했습니다. 이성교제를 하고 있는 아이들 중에 성교육은 받은 적 있다고 답한 아이들은 70% 정도며, 이성교제를 위해서 화장한 적이 있다는 아이가 50% 정도입니다. 초등학생들은 이성교제를 사귀고 싶을 때 사귀었다가 내키지 않으면 금세 헤어지는, 일종의 '놀이의 하나'로 여기기도 합니다.

사춘기 청소년들의 신체 발달은 이미 성인 수준이지만 심리 발달은 이에 미치지 못합니다. 이러한 불균형을 '사춘기'라고 하는데, 사춘기 하면 우리는 흔히 '질풍노도의 시기', 혹은 '반항'을 떠올립니다. 이 시기의 자녀는 부모 말을 듣지 않고 자기주장이 강해집니다. 하지만 자신의 생각을 논리적으로 정리하는 능력이 아직 부족하므로 남을 설득하기 위한 주장 또한 완벽하지 못합니다. 그렇기 때문에 이런 모습은 '기존 세대의 권위에 대한 도전'이나 '이유 없는 반항'처럼 보이기도 합니다.

　　이런 사춘기 아이들의 상담은 부모를 대하는 태도 개선에만 집중해서는 안 됩니다. 또한 이처럼 심신이 불안정한 상태에서 이루어지는 사춘기 자녀의 이성교제 또한 간과해서는 안 될 문제입니다.

　　사춘기 청소년이 생각하는 이성교제의 장점으로는 대부분 사랑이 주는 의미를 꼽았습니다. 아이들은 자신을 아껴주고 보살피는, 든든하고 기댈 수 있는, 서로 이해해주고 맞춰주는 사랑의 상호성을 크게 생각하고 있습니다. 바로 이러한 점이 동성친구와의 차이점이지요.

　　반면 성인의 사랑과 차이는 결혼 등으로부터 자유롭다는 점에서 연애의 목적 및 조건을 따지는 정도에서 나타났습니다. 그리고 미성년이라는 특성으로 인해 부모의 감독이나 자유로움, 사랑의 깊이에서 성인보다는 어려움이 많다고 느꼈습니다.

　　한편 청소년기 이성교제의 긍정적 측면으로 관계를 배워가며 함께 삶을 만들어가는 모습을 꼽았습니다. 문제점으로는 이른 성관계와 같이 선을 넘는 스킨십이나 사랑을 가볍게 여기는 태도, 이성친구에 대한 지나친 관심으로 인한 학업 소홀 등이었습니다. 아직 발달과정 중에 있는 청소년들의 미숙함으로 보고됩니다.

이성교제 하는 자녀를 대하는
부모의 바람직한 자세

사춘기 청소년에게 이성교제는 다양한 기능을 합니다. 자기중심성을 극복하고 사회적 유능성, 사회 인지 능력을 발달시키는 데 큰 역할을 하고 있지요. 이러한 이성교제의 순기능에 대한 사회적 인식을 다시 생각해볼 필요가 있습니다.

그러나 이성교제가 갖는 발달적 의의와 순기능에도 불구하고 많은 부모들은 자녀의 이성교제에 우려를 나타냅니다. 물론 청소년 자신이 보고한 바와 같이 학업뿐 아니라 부모나 동성친구 등 주요한 다른 사람들과의 관계에 부정적 영향을 미치는 측면이 있음을 간과할 수는 없지요. 하지만 이성친구와의 관계가 안정적일 때 오히려 가족에 대한 태도가 성숙해지는 효과도 있으므로, 이러한 측면들을 모두 고려해 이성교제의 순기능을 강화하고 역기능을 약화시킬 수 있도록 청소년들을 학습시켜야 합니다.

이성교제를 하는 청소년 중에는 관계에 이상이 생겼을 경우 주변에 이성친구를 사귀는 다른 친구들, 친하지만 입이 무거운 친구들, 또 다른 이성친구들에게 고민을 털어놓고 조언을 구하곤 합니다. 자신이 당연한 문제에 비교적 효율적으로 대처하고 해결해나가는 전략들을 보여주지요. 또한 갈등을 잘 해결한 이후 이성친구와의 친밀감이 더욱 커지기도 합니다.

아울러 이성교제를 유지하는 비결로는 서로를 존중하고 맞춰주며 각자의 입장을 바꾸어 생각하는 경향을 꼽았습니다. 이 밖에도 자신의 애정을 표현하고 감정을 솔직하게 공유하며, 자존심을 내세우기보다 먼저 사과하는 모습 등을 꼽았습니다.

이 같은 결과들에 비춰볼 때 사춘기 청소년들에게 이성교제는 오락적 기능보다 상호성 기능이 더 크다는 점을 알 수 있습니다. 이성교제를 통해 관계를 맺는 능력, 대인 간 갈등 관리 능력과 같은 주요 발달 과업을 수행하고, 획득할 수 있는 중요한 기회를 제공받고 있는 것입니다.

이성교제를 시작한 우리 아이,
어떻게 할까요?

솔루션 하나, 따뜻한 관심으로 지켜봐주세요

자녀가 이성에게 호기심이 커지는 사춘기라면 부모는 자녀의 이성교제에 대해 간섭하기 마련입니다. 하지만 자녀에 대한 간섭과 관심은 분명히 다릅니다. "어떻게 만나게 되었니?" "어떤 부분이 마음에 드니?" 등의 관심 대화법으로 자녀가 만나는 이성친구에 대한 대화를 자연스럽게 이끄는 것이 바람직합니다. 부모의 학창시절 경험으로 대화를 시작하는 것도 좋습니다.

"도윤이랑 사귀면서 성적이 떨어진 거지?" "공부나 해!" 등의 대화법은 오히려 반항심만 자극해 자녀들이 말문을 닫아버리고, 이성친구에 대한 감정만 필요 이상으로 깊어지는 역효과가 나타날 수 있으므로 주의해야 합니다. 부모는 자녀의 이성교제에 대해 관심을 가지고 있다는 점을 대화를 통해 알리고, 건전한 이성교제로 이어지도록 도와주어야 합니다.

아울러 이성교제와 성적인 접촉에는 반드시 준비와 책임이 따른다는 것과 정확한 정보 및 지식을 구체적으로 알려주어야 합니다. 성에 대한 의식이 아직 확고히 정립되지 않은 상태에서의 이성교제와 성적인 접촉은 돌이키지 못할 결과를 초래할 수도 있기 때문입니다.

실제로 우리나라에서는 한 해 5천~6천 명 이상의 미혼모가 생기고 있고, 이 중 상당수가 10대 미혼모라는 통계가 있습니다. 성적 호기심과 충동 조절이 쉽지 않은 일부 청소년들의 경우 인터넷을 통한 음란 동영상, 사진, 소설 등 유해 매체에서 접하는 왜곡된 성 지식을 토대로 아무런 준비와 책임 없이 실제 행동으로 옮기는 경우도 있어 주의가 필요합니다.

솔루션 둘, 헤어짐을 경험할 때 위로해주세요

사춘기 청소년들이 이성교제를 하고 헤어짐을 경험할 때 상실감이 뒤따릅니다. 그럼에도 불구하고 국내외 가릴 것 없이 성인들은 청소년의 사랑을 피상적이고 표면적인 것으로 생각하고 있지요. 더구나 여자 청소년들과 마찬가지로 남자 청소년들도 헤어진 후 정서적 고통 등을 경험하고 있음에도 불구하고 주변에서 적절한 지지와 위로를 해주기보다 헤어짐을 놀리거나 낙인을 찍는 등 부적절한 대응이 뒤따르고 있습니다. 따라서 이러한 청소년의 사랑에 대한 사회적 재인식이 요구되며, 청소년들이 사랑과 이별의 강력한 영향을 잘 다룰 수 있도록 교육이 필요합니다.

또한 종종 친구에서 이성친구로 발전하는 과정에서 발생하는 어려움에 놓이기도 합니다. 예를 들어 기존 다른 친구들과의 관계가 달라질 수 있으며 삼각관계, 사각관계 등 이성교제를 하기 전보다 관계가 복잡해질 수 있습니다. 이에 따라 친구들 사이에서 소문과

루머의 대상이 되기 쉬우며, 만남과 헤어짐의 과정이 주변에 쉽게 노출되거나 헤어진 이후에도 계속 마주치는 등 다양한 관계적 어려움을 예상할 수 있습니다.

이러한 문제들은 청소년들 스스로 극복하기 어려우므로 매우 심각한 스트레스로 작용합니다. 심지어 이성교제에 따른 문제를 잘 해결하지 못해 자살과 같은 극단적 행동으로 이어지는 사례도 간혹 나타나고 있기 때문에 이에 따른 대처능력을 높이는 부분 역시 상담 개입 또는 교육 내용에 구체적으로 포함해야 할 것입니다.

사춘기 청소년들이 바람직하게 이성교제를 하기 위해서는 사랑의 진실성과 자기 조절 능력, 사회적 관계 기술의 습득이 매우 중요합니다. 이를 위해서는 부모와 친구들의 정서적 지지와 객관적 입장에서의 조언이 필요하다는 점 잊지 마세요.

🌱 양소영 원장의 마음 들여다보기

초등학생부터 시작되는 이성교제를 금지하면 아이들은 거짓말을 하게 되고, 숨어서 만나거나, 더 나쁜 환경에 노출될 수 있습니다. 아이가 성장하면서 이성에게 관심을 갖고 사귀는 것은 당연한 과정입니다. 자녀들의 이성교제를 인정해주고 지켜봐주면서 자연스럽게 대화할 수 있는 분위기를 만들어가는 것이 유익합니다.

부모는 아이와 평소 대화를 많이 나누고 자연스럽게 자녀가 이성교제와 스킨십에 대해 왜곡된 생각을 하지 않도록 구체적으로 성교육을 해야 합니다. 초등학생 때 시작되는 사춘기는 이성에 대한 호기심이 왕성할 때이므로 이 시기에 성교육이 제대로 이루어져야 바람직한 이성교제에도 도움이 됩니다.

사춘기에 막 접어든 아이들은 부모의 이야기를 잔소리로만 생각하고 잘 들으려고 하지 않습니다. 이럴 때는 어떤 친구를 사귀는지 지켜보는 것이 현명합니다. 이성친구를 인정해주고 집으로 데려오게 하거나, 함께 놀러가는 등 함께하는 시간을 가져보세요. 또한 부모끼리도 서로 알고 지내거나 열린 공간에서 가족 단위로 만나기도 하며, 건강하게 사귀도록 해야 성적 호기심으로 인한 문제행동이 예방될 수 있습니다. 아이들이 또래에 비해 조숙하게 이성교제를 하고 있거나 성 접촉이 있는 경우도 있으므로 구체적인 성교육을 해야 합니다.

아이가 이성친구를 만나고 있다면 성적인 관심 이외에도 이성과 친밀감을 쌓을 수 있는 방법을 가르쳐야 합니다. 가령 상대를 칭찬해주는 법, 사소한 관심 표현하는 법, 상처 주지 않고 헤어지는 법 등 부모의 경험도 이야기해주며 실질적인 조언을 해줍니다.

야동에서 본
성 지식을 자랑하는
우리 아이

아이의 성에 슬기롭게 대처하기

준이는 공부도 잘하고 친구관계도 원만한 초등학교 4학년 남자아이에요. 학교수련회를 다녀와서 일기장에 "나는 성폭행당했다."라고 적고 행동이 달라졌어요. 짜증과 화가 늘고, 혼자 방 안에 있으려고 하고, 게임하는 시간이 부쩍 늘었어요.

성폭행이나 성추행을 놀이문화처럼 여기는 초등학생이나 중학생들이 있어요. 이를 어떻게 예방하고 대처해야 할까요?

부모가 먼저
알아야 해요

성교육의 대화법이 중요합니다. 아이들이 커가면서 성에 관심을 보일 때 "그런 건 물어보지 마. 물어보면 나쁜 아이야."라고 말하는 것은 성에 대한 부정적인 표현입니다. 아울러 "너는 아직 몰라도 돼. 크면 저절로 알게 되는 거야." 등의 회피하는 자세도 좋지 않습니다. 나아가 "그런 말은 어디서 들었니?"라며 아이를 의심하는 태도도 피해야 합니다. 부모의 이런 반응은 성을 나쁜 것이라고 인식시켜 아이들에게 수치감을 주며, 성에 대해 음성적으로 이해하고 행동하는 좋지 못한 결과를 낳게 됩니다.

아이들의 성적 호기심을 묵살하기보다는 성이 아름답고 고귀한 것이며 자신의 몸이 얼마나 소중한가를 지속적으로 인식시키는 것이 올바릅니다. 부모가 성에 대해 올바르고 명확하게 인식하고 있다면 아이들도 자연스럽게 이를 배우게 됩니다.

성폭력 예방교육에 앞서서 성에 대한 왜곡되지 않은 인식과 올바른 생활습관을 갖도록 하는 성교육이 중요합니다. 사춘기와 인터넷 이용이 빨라진 요즘의 초등학생 성교육이 어느 때보다 필요합니다. 우리 사회에서는 인터넷, 드라마, 광고 등을 통해 성적으로 미숙한 어린아이들이 왜곡된 성 문화에 노출된 위험성이 높습니다. 이에 따른 부작용으로 우리나라 청소년들의 성 문제가 심각한 수준에 이르렀고 갈수록 저연령화되고 있습니다.

따라서 어린 시절부터 성에 대한 올바른 지식과 건전한 태도를 갖출 수 있도록 가정과 학교, 지역사회, 모두가 노력해야 합니다. 학교에서는 보건수업 및 관련 교과를 통해 꾸준한 성교육을 실시합니다. 가정에서 부모의 역할도 중요합니다. 자녀와 자연스럽게 대화하면서 바람직한 성의 역할을 보여주기에 가장 좋은 선생님은 바로 부모이기 때문입니다.

아이와의 눈높이 대화로
연령별 성교육을 해요

요즘 청소년들에게는 윤리적이고 교훈적인 성교육보다 체험으로 느끼게 하는 교육이 효과적입니다. 어느 교사가 실시한 달걀 키우기 프로그램은 생명의 소중함을 느끼는 데 효과적이었습니다. 미국에서 행해졌던 임신 개월에 맞는 인형을 품고 다니기, 가상으로 아기 키워보는 프로그램 등은 미혼모 방지 의식 고취에 높은 효과를 보기도 합니다. 성폭행 방지를 위해 가해자와 피해자의 역할극을 해보는 것도 유용합니다. 성교육은 청소년들이 원하고 궁금해하는지에서 출발해야 생동감 있는 성교육이 될 수 있습니다.

초등학교 저학년 교육은 길게 할 필요가 없습니다. 아이들에게 남는 것은 단어와 개념입니다. 생식기의 정확한 명칭을 알려줍니다. 남자의 음경, 고환, 음낭 등과 여자의 음핵, 음순, 자궁, 질 등의 생식기 기능에 대해 설명하면서 몸의 귀중함을 느끼도록 해줍니다. 예를 들어서 "아기는 어디로 나와요?"라고 질문을 하면 "질을 통해 나온단다. 질은 엄마 다리 사이 깊은 곳에 있는데, 밖에서는 보이지 않고 입구만 보인단다. 평상시에는 오무려 있는데 아기가 나올 때만 열린단다."라고 대답해주는 것입니다. 이때 그림을 보여주며 설명하면 가장 효과적입니다.

남성과 여성의 차이를 설명할 때 생식기 차이를 알려주며 인격적으로는 같다는 것을 강조해야 합니다. 여성의 생명성과 어머니의 위대함을 설명하면서 장난치거나 폭행하는 문제와 관련시켜 여성을 보호해야 함을 알려줍니다.

초등학교 고학년은 어른 수준이라는 전제를 두고 교육에 임해야 합니다. 아이들의 질문에는 핀잔 주지 않고 기다렸다는 듯이 성의껏 설명해주어야 합니다. 생리와 몽정에 대한 충분한 설명이 필요합니다. 생리와 몽정은 엄마 아빠가 되기 위한 첫 신호임을 설명해 기쁘게 받아들일 수 있도록 해야 합니다. 위생적인 처리 방식에 대한 교육도 이루어져야 합니다.

성관계에 대해서는 생리적 현상으로 설명해줍니다. 이 시기에는 성행위에 대한 구체적인 대답을 듣기 원하는데 부모 스스로 섹스 위주의 성 개념에서 벗어나지 못하면 대답하기 어려워집니다. 그럴 때는 생명의 입장에서 설명해보세요. 피가 음경과 음핵에 흘러 들어와 고이는 현상으로 발기가 되며 그 이후의 과정도 생리적인 현상으로 설명하면 적당합니다. 임신 출산에 대해서도 구체적으로 설명합니다. 임신 중에 태아의 성장과정이나 출산할 때의 과정도 소상히 이야기해주면 좋습니다.

남녀 몸에 대한 호기심을 풀어주고 이성교제에 대해 설명합니다. 그림이나 성교육 비디오를 활용해 남녀 신체 차이를 속시원하게 알려주며 이성교제, 사랑, 결혼의 차이를 설명합니다. 초등학교 시절의 남녀 만남은 친구로서 교제하는 단계이고 성인이 되었을 때 결혼했을 때와 어떻게 다른지 알려줍니다.

실제 일어나는 성폭행이나 장난에 대해 제때 교육을 합니다. 아이들이 접하고 있는 문화매체를 같이 보고 어떤 면이 실제와 다르고 무엇이 잘못된 것인지 알려주는 것도 효과적입니다.

실수하고 상처받을 때가 성교육의 기회

포르노 비디오를 본 남학생들은 그 주인공이 되고 싶어 합니다. 여학생들은 에로티시즘 영화의 주인공처럼 연인에게 안기고 싶어 합니다. 요즘 청소년들은 상상 속에 머무르지 않고 직접 체험해보려고 노력합니다. 당연히 많은 실수를 저지르고 상처를 받습니다. 실수하고 상처받았을 때가 성교육의 좋은 기회입니다. 아픈 만큼 성숙할 수 있도록 도와줘야 하는데, 이때 성숙의 방향성을 제시합니다. 그것은 생명, 사랑, 쾌락이라는 성의 3요소에 대한 교육입니다. 생명의 소중함, 차원 높은 사랑, 생산적인 쾌락의 의미를 깨닫게 하고, 이 성의 3요소가 함께 조화를 이룰 때야 온전한 성이 될 수 있음을 확인시켜줘야 합니다.

음란물을 접한 청소년들은 무척 혼란스러워합니다. 포르노에 나온 장면들을 사실과 혼동하기도 합니다. 여성들은 정말로 신음 소리를 그렇게 오래 내는지, 항문섹스는 쾌감이 어떤지, 동물과의 성행위는 어떤 느낌인지, 가학적이고 피학적인 성행위는 왜 하는지, 정말로 여성들은 남성의 사정액을 몸에 바르기를 좋아하는지 등 남학생들의 질문 중 50% 이상을 차지하는 내용입니다. 퇴폐적인 음란물을 근절시키기는 어려울 것 같습니다. 지나치게 몰입하지 않도록 뒷정리를 잘 해주는 것이 오히려 현실적입니다. 포르노의 뜻, 남성이 남성을 위해 만든 상품이라는 것, 생활과 상식이 빠진 성감대 위주의 성이라는 점을 이야기해줌으로써 음란물을 볼 때 이성적으로 판단할 수 있도록 기준을 세워줘야 합니다.

요즘 청소년 문화는 순간 영상의 문화입니다. 순간의 문화는 순간의 성을 만듭니다. 순간의 성은 미래의 성을 어둡게 하기도 합니다. 어린 날의 실수로 결혼과 출산 과정에 문제가 생길 수도 있습니다. 우리는 그런 가슴 아픈 일이 일어나지 않도록 도와줘야 합니다. 순간의 성이 놓치고 있는 것, 담아내지 못하고 있는 것을 채워줘야 합니다. 청소년 시기에 자신의 인생설계도를 그려보게 하는 것은 아주 유익합니다. 10년 20년 후에는 무엇을 하고 있을지, 결혼은 언제 할 것인지, 아기는 몇 명이나 낳을 것인지를 설계도에 그려보는 것입니다. 미래를 위해 순간이 조절될 수 있도록 해주어야 합니다.

성 문제가 생겼을 때 대처법

• **다양한 상황을 설정, 예측해보며 대책을 준비하게 합니다.**
급소 차는 법, 거절 의사를 확실히 표현하는 법, 틈을 만들어 도망치는 법, 의외의 행동을 보여 당황시키는 법, 데이트 중의 처신법 등 지혜로운 방법들을 같이 의논해봅니다.

• **성폭행을 당했을 때의 사후처리에 대해서도 준비해둡니다.**
당했을 경우 제일 먼저 해야 할 일은 씻지 않은 채로 병원에 가서 진단을 받는 것입니다. 나중에 고소를 하지 않더라도 임신, 성병 등 여러 가지 검사를 위해 필요합니다.

• **아이의 정서적인 안정을 도모합니다.**
아이 상태에 따라 신중하게 해야 하는데 먼저 치료 상담 대화를 통해 사건을 말하게 하는 것이 좋습니다. 안정되는 대로 당한 사건을 정리해야 합니다.

성적 피해를 받은 우리 아이,
어떻게 할까요?

솔루션 하나, 적절한 치료와 감정적 지지를 받아야 합니다

성폭력 피해 또는 성 학대가 아동발달에 미치는 영향을 다음과 같습니다. 낮에도 혼자 있기를 싫어합니다. 특정한 사람이나 장소, 물건 등을 보면 예민해지고 두려워합니다. 이전과는 달리 자주 우울해합니다. 부모의 관심을 끌기 위해서 평소보다 과도하게 매달리기도 합니다. 밥을 먹지 않거나 갑자기 밥이나 다른 음식을 과도하게 먹습니다. 자주 배가 아프다거나 머리가 아프다고 합니다. 집중력과 학교 성적이 떨어지고 친구들과 잘 어울리지 않으려고 합니다. 숙제를 하거나 집중하는 데 어려워합니다.

자위행위를 할 수도 있습니다. 성기 혹은 항문 주위의 상처, 통증, 가려움, 출혈 혹은 냉습 등을 보입니다. 부적절한 성 행동을 보이거나 성 문제에 대해 별난 관심을 나타냅니다. 성기나 항문에 물건을 삽입합니다. 인형과 성적 행동을 하거나 장난감을 가지고 성 행위를 흉내 냅니다. 설명이 안 되는 감정변화와 우울증을 보입니다. 야뇨증을 보이고, 밤에 잘 때 악몽을 꾸거나, 불을 켜놓으려고 하는 등 잠자는 것을 두려워합니다. 손가락을 빨거나, 유아어를 사용하거나 갑작스럽게 매달리는 등 아기 같은 행동을 하며 퇴행 현상을 보이기도 합니다. 이유 없이 화를 잘 내고 불안해하며 신경이

예민해지고 폭력적으로 변하기도 합니다.

부모와 교사들은 아동 성 학대의 경고징후를 알아야 합니다. 아이들은 두려움 때문에 자신에게 일어나고 있는 일들을 부인할 수도 있습니다. 교사와 부모들은 아이들이 평상시와 다른 이상징후들을 보인다고 판단되면 문제 해결을 위해 노력해야 합니다.

대부분의 경우 성 학대는 신체적, 심리·정서적, 인지적, 행동적, 사회적인 전 영역에 걸쳐 영향을 미칩니다. 그러므로 상처받은 아이는 적절한 도움—의료적 치료와 감정적 지지를 받아야 합니다.

아이의 민감성과 취약성 때문에 신속하고 신중하게 취급되지 않는다면 치명적인 상처를 줄 수 있습니다. 어떤 경우든 피해자인 아이가 후유증을 최소화하고 밝고 건강하게 자랄 수 있도록 돕는 데 초점을 맞추는 것이 중요합니다.

솔루션 둘, 아이 자신의 잘못이 아님을 알게 해주세요

아이의 말을 믿어주세요. 꾸짖거나 벌주거나 당황해하지 마세요. 아이가 편안히 사실을 말할 수 있게 해주세요. "지금 당장 이야기하고 싶지 않으면 나중에 이야기해도 좋아."라며 아이를 안심시키세요. 아이에게 "그 사람이 또 괴롭히면 엄마(아빠·선생님)에게 이야기해줘." "너에게 어떤 어려움이 생겨도 끝까지 보호해줄테니 부끄러워하거나 무서워하지 말고 곧장 이야기해줘."라고 일러줍니다. 병원에 데리고 가서 외상 여부를 확인하세요. 경찰에 신고할

성 학대 피해 아동 지원 시 유의점

성 학대 지원 시 가장 중요한 것은 피해아동 주변에 있는 어른들(특히 가족)의 태도입니다. 이들이 보이는 정서적인 지지와 안정된 환경 제공이 성 학대 피해 아동의 상처회복에 가장 큰 영향을 미칩니다. 어른(특히 보호자)의 안정적인 태도가 매우 중요합니다. 아동은 성 학대 피해에 대해 어떤 일을 당했는지 잘 모르지만 어른들의 반응을 보고 느끼게 됩니다. 보호자가 안정적인 태도를 취하고 대한다면 아동의 회복이 매우 빨라질 수 있습니다. 아동의 회복에 초점을 맞춰 일을 해결해나가야 합니다.

것인지 결정하세요. 속옷 등은 세탁하지 않고 보관하세요. 전문상담기관에 도움을 청하세요. 아이 앞에서 지나치게 걱정하는 모습을 보이지 말아야 합니다.

솔루션 셋, 상처를 입힌 아동 청소년을 교정치료해주세요

상처를 입힌 아동 청소년은 자신의 성폭력 행위가 드러나 사회로부터 가해자라는 낙인이 찍힌 현실 상황에서 상당한 충격을 받아 당황스러워합니다. 피해자에 대한 걱정이나 미안한 감정이 아니라 일단 자신과 자신의 가족이 받은 실망, 충격, 당혹스러움을 호소하게 됩니다. 가해자로서 조사를 받아야 하고, 교정치료 프로그램에 참여하면서 상한 자존심, 수치심, 굴욕감, 창피함 등으로 억울하고

분해합니다. "죽고 싶을 정도로 창피하다." "남들이 알면 나를 어떻게 볼까."라고 표출하게 됩니다.

이들은 가족, 특히 부모님에게 돌이킬 수 없는 실망과 피해를 주어서 미안하며, "내가 이것밖에 안 되는 인간이었다." "이런 일을 저지른 나를 용서할 수 없다."라는 식으로 자기 자신에게 자책감을 갖기도 합니다. 자신이 아무리 뉘우치고 열심히 산다고 해도 아무도 자신을 받아주지 않을 것이라는 생각과 불안에 두려움이 큽니다. 사회적 낙인에 대한 상당한 공포감과 좌절감을 가지게 됩니다. 주변에 알려지게 되면 급격한 의욕 상실과 자신감 상실을 경험합니다.

대체로 가해자들은 스트레스 상황에 놓일 때, 화나거나 우울할 때, 외로울 때, 문제를 직면해 해결하려고 하기보다는 술 등에 의존하는 회피전략을 사용합니다. 스트레스 상황에서 자신의 욕구를 해결하기 위해 성적으로 대처하는 것입니다. 대처기술이 부족한 가해자일수록 일탈적 성관계를 추구할 위험성이 높습니다. 따라서 치료 시 문제에 효과적으로 대처하기 위해서는 구체적인 상황에서 느끼는 불안을 극복하도록 돕고, 의사소통 기술을 훈련시키거나 스트레스나 위협 상황을 피하거나 벗어나는 방법 등을 강구해야 합니다.

이들은 교정치료 프로그램에 참여하도록 해야 합니다. 대부분 가해자는 자신의 고통을 줄이는 것에만 열중하므로 피해자의 고통을 공감하지 못합니다. 자신의 욕구 반응이 피해자에 대한 걱정보다 우선하기 때문에 피해자를 학대하는 동안 피해자들에 대한 공감이 차단됩니다. 피해자가 입게 된 심리적 후유증이나 고통에 대해서도 고려하지 않기 때문입니다.

🌺 양소영 원장의 마음 들여다보기

성 학대 피해가 아동에게 영향을 미치지 않을 것이라는 긍정적인 믿음을 갖고, 사건보다는 아동의 회복에 초점을 맞춰 일을 해결해 가야 합니다. 자신의 잘못으로 피해를 입은 것이 아님을 알게 해야 합니다. 아동은 자신에게 왜 그런 일이 일어났는지, 자신에게 원인이 있었던 것은 아닌지 생각하면서 자책할 수 있습니다.

성 학대 피해는 지울 수 없는 창피한 일이 아니고 교통사고처럼 자신의 잘못이 없어도 일어날 수 있는 일이라고 말해주세요. 아동이 피해 사실을 말할 수 있도록 편안한 분위기를 조성해주세요. 아동이 여러 번 말하더라도 그것을 막지 말고 자연스럽게 받아줍니다. 여러 번 이야기 하는 과정 중에서 충분한 지지를 해주세요. 그 속에서 아동은 자신의 잘못이 아님을 알게 되고 아동의 회복에 도움이 됩니다.

혐오언어를
문제의식 없이 쓰는
우리 아이

혐오언어 사용에 대한 대처법

초등학교 6학년 은서는 같은 반 남학생이 자신을 지속적으로 괴롭히고 있다고 해요. 쉬는 시간이나 집에 갈 때 남학생이 '패드립(부모님을 욕하는 등의 패륜적 놀림 말)'이나 듣기 힘든 성적 표현, 여성비하 표현을 계속 반복한다는 것이었어요. 그 남학생에게 왜 그런 말을 하느냐고 물었더니 돌아온 답은 단순하고도 놀라웠어요. "내가 이길 것 같아서요." "친구들이 인터넷 보고 어른들의 행동을 따라 해서 저도 재미 삼아 같이 따라 했어요."라고 하더라고요. 작은 몸집에 다른 남학생들에게는 말도 잘 못 붙이는 그 남학생은 만만해 보이는 여학생에게 공격적 성향을 드러내고 있었어요.

초등학생들의 혐오 표현은
사각지대에 놓여 있어요

한국양성평등교육진흥원이 온라인 커뮤니티 8곳에서 발견한 성차별적 문구 161건 중 혐오·비난이 135건(83.9%)으로 압도적 다수였습니다. 성차별적 문구 중 폭력·성적 대상화 유형은 16.1%였습니다. 온라인에서 남성들이 주로 이용하는 이른바 '남초 사이트'와 여성 위주의 '여초 사이트'는 상대를 비하하기 위해 각기 다른 '신조어 무기'를 총동원합니다. '한남충(한국 남성에 벌레 충을 붙인 단어)'과 '웜충(여성주의 커뮤니티 워마드 유저를 깎아내리는 말)'은 가장 기본 어휘입니다. 아예 남녀의 성기를 뜻하는 비속어로 상대를 일반화해 부르기도 합니다.

국가인권위원회에서 2017년 발간한 '혐오 표현 실태와 규제방안 실태조사'에 따르면 혐오 표현을 접한 이후 '스트레스나 우울증 등 정신적 어려움을 경험했다.'라는 질문에 장애인(58.8%), 이주민(56.0%), 성소수자(49.3%) 등 절반 정도의 응답자가 '그렇다.'라고 답했습니다. 초등학교 교실에서 학생들은 갖가지 욕설, 성적 표현, 외모 표현 등을 일상어처럼 쓰고 있습니다. 온라인 커뮤니티 내에서 혐오·비난은 성적 대상화, 폭력 등 성차별적 문구 중 다수를 차지할 정도입니다.

초등학생들의 말과 행동이 그렇게까지 성적이겠느냐는 시각도 물론 있습니다. 실제로 문제언행을 하는 학생이나 피해를 입은 학생들 모두 심각하게 여기지 않고 넘기는 경우가 많습니다. 재미 삼아, 튀고 싶어 그랬다는 남학생들의 공격적 행동에 대해 전문가들은 또래 집단으로부터 인정받으려는 욕구, 주변의 관심을 끌어 존재감을 확인하고자 하는 욕구가 깔려 있다고 말합니다.

청소년은 또래 규범이
사회적 규범보다 더 중요해요

초등학생들이 여성혐오, 성적 표현, 욕설 등을 접하는 온상인 유튜브나 아프리카TV 등 인터넷 방송의 유해 콘텐츠는 감시와 통제의 사각지대에 놓여 있습니다. 여성혐오 표현을 쓰는 아이들을 여성혐오주의자라고 단정하기는 어렵습니다. 인터넷 등을 통해 어른들이 쓰는 여성혐오 표현과 행동을 배워 따라 하는 아이들이 많습니다. 아이들은 그저 재미 삼아, 또래 친구들한테 인정받으려는 생각에 쉽게 이런 행동을 합니다.

청소년들이 차별과 혐오를 유희처럼 또래 문화에서 즐기는 일은 과거에도 있던 일입니다. 하지만 스마트폰의 급격한 보급, 자정과 규제 없는 개인 인터넷 방송의 증가는 우리가 알지 못했던 상자를 열었습니다. 지상파 TV에서 방영하기 어려운 수준의 '패드립'을 아이들이 시청하고 공유하고 따라 하고 직접 제작합니다. 재미 삼아, 튀고 싶어 그랬다는 남학생들의 공격적 행동은 만만한 개인과 집단을 강하게 공격할수록 더 큰 주목을 받는다는 생각에 경쟁적으로 가학의 수위를 높일 수 있다는 것이 문제입니다. 만만한 여성을 공격 대상으로 삼아 자기 존재를 확인하려 드는 점에서 사실상 성인들의 여성혐오 범죄와 같은 발생 구조를 가지고 있습니다.

또래 규범을 사회적 규범보다 더 중시하는 청소년들은 여성을 대할 때 바람직한 태도가 무엇인지에는 관심이 없습니다. 또래 남학생 중 가장 힘이 센, 이른바 '수컷 우두머리(알파 메일)'에게 칭찬받고 싶은 욕구가 더 강합니다. 예전 같으면 자신보다 약한 남학생들의 돈을 빼앗고 주먹으로 위협하는 '불량스러운' 행동으로 '힘 센 남자'임을 과시하려 했던 남학생들이 지금은 여학생, 여자 선생님을 존재 확인의 대상으로 삼습니다.

모든 아이들이
혐오를 즐기는 건 아닙니다

모든 아이들이 혐오를 즐기는 건 아닙니다. 불편함과 거부감을 호소하는 학생들도 있습니다. 하지만 문제를 제기하려면 '진지충'이라 불리는 것을 감수해야 합니다. "잘못된 건 다들 알거든요. 근데

학교는 작은 사회잖아요. 반기를 들면 '쟤 이상해.' 이런 취급을 당해요."라고 말합니다. 남학생들이 패드립과 여성혐오 용어를 섞어 만든 랩을 들으란 듯이 부르고 다녀도 여학생들은 좀체 목소리를 높이지 못합니다. "'쿨하고 싶어서' 대응을 잘 못 해요. 남자애들이 하는 농담을 웃어넘기고 인정하는 애들이 인기가 많으니까요. 맞장구치고 같이 키득거리거나 아니면 침묵하거나. 그렇게 되는 거죠."라고 말합니다. 혐오 표현이 '쿨'한 것으로 여겨지면서 불편함을 느끼고 상처받는 아이들의 존재는 지워지게 됩니다.

　부모 입장에서도 대응은 쉽지 않습니다. "돈은 밖에서 아빠가 벌어오는데, 엄마는 집에서 하는 게 뭐야?"라는 아이의 말에 화가 나지만 어디서부터 말해야 할지 당혹스럽습니다. 사춘기의 반항심이 사회의 '맘충' 혐오와 맞물려 증폭된 건 아닐까 걱정스럽습니다. 아이들은 또래 집단의 말에 굉장히 쏠려 있습니다. "여자들은 운전도 제대로 못 하는데 여성전용 주차장은 왜 필요하냐?" 식의 질문도 종종 하지요. 가정에서도 학교에서도 성평등 교육이 필요한 이유입니다.

혐오 표현을 쓰는 우리 아이,
어떻게 할까요?

솔루션 하나, 학교와 가정에서 마음소통과 성평등 교육이 필요해요

학교 내 양성평등 교육은 성교육 수준에 멈춰 있습니다. 상대에 대한 이해와 배려, 시민으로서의 행위 등 초중고 교과과정에서 '시민 교육'과 '인권 교육'이 이루어져야 합니다. 인권 문제도 어린 시절 제대로 교육하면 여성혐오 등 타인에 대한 혐오가 범죄와 크게 다르지 않다는 것을 알 수 있습니다. 여성, 장애인 등 사회적 소수자에 대한 '통합 인권 교육'이 필요합니다. 페미니즘 교육이 인권 교육과 통합적으로 이루어져야 합니다. 초등학교 때부터 기본권 같은 보편적 인권을 비롯해 통합 인권 교육이 체계적으로 이루어져야 합니다.

솔루션 둘, 존중받는 경험이 필요해요

아빠가 엄마를 존중하고 엄마가 아빠를 존중하는 부부의 모습 속에서, 선생님이 학생들을 존중하는 모습에서, 어른들이 서로를 존중하는 모습에서 아이들은 양성평등을 배웁니다. 남자 할 일 여자 할 일 따로 있는 것이 아니라, 서로 도울 수 있고 서로 더 잘할 수 있는 부분이 있다는 긍정 경험이 필요합니다. 남자든 여자든 상관없이 힘들 때 힘들다고 말할 수 있고, 울고 싶을 때 울 수 있습니

다. 남자든 여자든 하고 싶은 직업을 선택할 수 있습니다. 설거지나 빨래와 같은 집안일도 남자와 여자가 공평하게 분담합니다.

아들과 딸이 아닌, 그 아이만의 고유한 개성을 인정해주세요. 있는 그대로 자신의 모습을 존중받은 아이는 다른 사람을 존중할 줄 알게 됩니다.

 양소영 원장의 마음 들여다보기

부모와 자녀가 함께하는 마음소통이 필요합니다. 영유아기에는 음악을 틀어놓고 엄마와 아이가 서로 몸을 만지고 느끼면서 교감하는 시간이 필요합니다. 눈빛을 교환하며 마주 보고 서로의 마음에 귀를 기울여주는 시간이 필요합니다. 부모와 자녀가 마주 앉아 지긋이 눈을 바라보며 말 대신 눈빛만으로 자신의 마음을 전달해보는 시간이 필요합니다. 서로 심장 소리나 배에서 나는 소리를 듣는 것도 몸의 소중함을 알게 하고 서로에 대한 신뢰를 높이는 데 좋은 방법입니다.

영유아기에 형성되는 성평등 의식은 이후 지속적으로 영향을 줍니다. 양육자의 성적인 가치와 태도 및 행동은 아이의 가치관으로 학습됩니다. 부모가 자녀를 마주할 때 가장 중요한 것은 '우리 아이가 왜 이런 행동을 할까?' 하는 마음이 아닌 '우리 아이가 이런 행동을 하는구나.' 하고 이해하는 마음입니다. 그러기 위해서는 평소에 자녀와의 유대관계를 쌓아야 하는데 이건 한순간에 되기 어렵습니다. 부모에게 언제든 도움을 청할 수 있는 신뢰는 아이가 어렸을 때부터 만드는 게 가장 중요합니다.

여성뿐 아니라 종교, 장애, 나이, 인종 등에서 사회적 약자에 대한 혐오 표현은 차별로 이어지고, 극단적으로 폭력으로까지 이어지기 때문에 차별에 대한 감수성, 인간에 대한 기본 예의, 차이와 다양성을 인정하고 수용하는 인권의식이 바탕되어야 합니다. 성평등이란 모든 사람이 연령·성별에 따라 차별을 받지 않고 공평한 권리·책임·기회를 가지는 것, 생물학적 차이를 인정하되 불합리한 차별을 하지 않는 것을 의미합니다. 타인을 존중하고 소통하는 방법을 배울 수 있는 가정 교육과 유치원 교육, 학교 교육이 어린 시절부터 필요합니다.

화장을 못 하게 하면 우울해하는 우리 아이: 자연스러운 발달과정으로 이해하기

감정 조절을 잘 못하는 우리 아이: 아이 감정 그대로 받아들이기

칭찬만 받으려고 하는 우리 아이: 올바르게 칭찬하는 법

조금만 어려워도 금방 포기하려 하는 우리 아이: 마음의 힘 길러주기

다른 친구에 비해 초라하다고 생각하는 우리 아이: 소통으로 함께 행복 찾기

3장

상처 주지 않고
우리 아이
자존감 일으켜주기

화장을 못 하게 하면
우울해하는
우리 아이

자연스러운 발달과정으로 이해하기

초등학교 5학년인 딸이 얼마 전 "엄마! 나도 화장해보고 싶어. 다른 친구들은 모두 화장한단 말이야."라며 떼를 쓰더군요. "화장품이 피부에 좋지 않아. 너는 화장하지 않아도 예뻐."라고 말을 해도 "엄마는 하면서 왜 나는 못 하게 해?"라며 신경질을 부리고 밥도 잘 안 먹어요. 사춘기가 시작되었는지 어느 날은 거울을 보며 "엄마, 난 별로 안 예쁜 것 같아."라고 우울해하는 아이를 보니까 속상해집니다. 제가 무조건 이쁘다고 말하면 "아니거든! 엄마 눈에나 그렇지!"라며 받아치네요. 외모는 상대적인 거라는 말도 해주고, 넌 피구를 그 친구보다 잘하지 않냐는 말도 해줬는데, 안 통해요. 학생이 무슨 화장이냐고 야단을 쳐도 "엄마, 요즘엔 화장 안 하는

애가 없어."라면서 되려 당당합니다. 책상에 앉아서도 책을 들여다보는 시간보다 스마트폰으로 화장하는 방법을 담은 뷰티 영상을 찾아보기 바쁩니다.

화장하는 아이,
자존감도 높아질까요?

예전보다 사춘기가 빨리 나타나고 있습니다. 한 방송사에서 아이들을 대상으로 설문조사를 한 결과 초등학교 3학년 여학생 90% 이상이 화장 경험이 있으며, 75% 이상이 개인 화장품을 갖고 있는 것으로 나타났습니다.

화장을 하고 싶어 하는 아이들의 마음속엔 'TV 속 10대 예쁜 연예인의 화장을 따라 하면 자신도 예뻐질 수 있을 것'이라는 믿음이 자리 잡고 있습니다. 외모를 중시하는 사회 분위기가 아이들에게까지 영향을 미치면서 자아 정체성을 형성하는 과정에서 예쁠수록 자존감이 올라간다고 믿는 아이들이 늘어난 것입니다.

흔히 자존감과 자존심을 혼동합니다. 자존심은 영어로 'a sense of self-respect'이며 자신의 품위를 스스로 지키려는 마음가짐을 가리킵니다. 별다른 이유 없이 자신의 의견이 무시되거나 누군가가 자신의 상처를 건드려 수치심을 느낄 때 "자존심이 상했다."라고 말합니다. 객관적으로 자신이 잘못한 상황에서도 이를 받아들이지 못하는 것은 결과에 따른 수치심을 견디기 힘들기 때문입니다.

심리학적으로는 이런 유형의 사람들을 '자존감(self-esteem)'이 부족하다고 봅니다. 자존감이란 자기를 굳게 믿는 마음에 바탕을 둡니다. 자존감이 높으면 어떠한 상황에서도 쉽게 수치심을 느끼지 않고 자신의 불편한 마음을 드러내지 않으며 유연하게 상황에 대처해나감으로써 원만하게 자신이 원하는 일을 해냅니다.

자존감이 낮은 사람은 이러한 정서적 발달이 잘 이루어지지 않아 자기중심적으로 생각하거나 행동하고 이로 인해 사람들과 충돌하는 경우가 많습니다. 그래서 자존감이 떨어지는 사람일수록 수치심이나 좌절감을 잘 느끼며, 우울증이나 불안 장애까지 겪을 수 있습니다. 그러나 화장을 통해 다른 사람보다 내가 예쁘게 느껴지는 자기만족은 자존감 향상과는 다릅니다.

무조건 화장을 못 하게 윽박지르면 아이들은 분노할 수 있습니다. 분노의 감정을 자주 느끼는 아이들은 그것이 행동화되어 공격성을 띠는 경우가 많으므로 적절하게 조절할 수 있도록 도와야 합니다. 아이들은 보통 언어적 표현이 약해 행동으로 의사표현을 하는데, 이는 화를 내는 과정에서도 마찬가지입니다. 분노가 솟아오르면 울거나 물건을 집어 던지거나 누군가를 때리는 등 공격적인 모습을 보이기도 합니다. 아이가 화를 낸다면 부모는 화가 났다는 사실과 함께 화가 난 이유까지 말로 설명할 수 있도록 아이를 이끌어줘야 합니다. 아이가 화났다고 이야기하면, 부모는 화난 사실을 알았고 그 느낌을 받아들였음을 아이가 충분히 알아차릴 수 있도록 설명해줍니다.

아이의 화장은
자연스러운 성장과정

그렇다면 아이들은 왜 화장을 하는 것일까요? 아이가 2차 성징이 나타나는, 즉 사춘기에 접어들면 급격한 호르몬 변화로 인해 외모에 대한 관심이 높아집니다. 게다가 고등학생도 성형을 할 만큼 외모 지상주의가 만연한 사회 분위기, 10대 아이돌 스타의 대거 등장 등도 상당한 영향을 미친 것으로 보입니다.

하지만 아이들의 화장은 지극히 자연스러운 현상입니다. 사춘기 아이들은 신체와 함께 정신적으로도 2차 성징을 겪습니다. 예쁜 외모를 갖고 싶은 욕구가 생기고, 다른 사람들과 구별될 수 있는 자신만의 개성을 표출하고 싶어 합니다. 화장을 그 수단으로 삼은 것일 뿐 비행이나 반항의 증거는 아닙니다.

아이가 화장을 한다고 해도 학업과 일상에 문제가 없다면 크게 걱정할 필요는 없습니다. 하지만 하루 종일 거울을 보며 화장을 하고 화장품 사는 데 집착을 하며, 다른 것은 일절 하지 않으려고 한다면 반드시 관심을 갖고 지켜봐야 합니다. 어릴 때부터 부모의 충분한 관심과 사랑을 받지 못해 자존감이 낮은 아이들은 자신의 외적인 면을 매우 중요하게 여기기 때문입니다. 이런 경우에는 전문가의 도움을 받아보는 것을 추천합니다.

간혹 "우리 아이는 화장에 전혀 관심이 없다."라며 자랑을 하는 부모가 있습니다. 하지만 이 역시도 바람직한 현상이 아닙니다. 이런 아이들은 크게 두 부류로 나눕니다. 어떠한 이유로 화장을 하고 싶거나 예뻐지고 싶은 욕구를 억누르는 경우와 자존감이 낮아 '어차피 꾸며도 나는 예쁘지 않고 오히려 이상해질 것'이라고 생각해 회피하는 경우입니다. 결국 아이가 화장을 하지 않는다고 해서 결코 자랑할 거리가 아니라 오히려 면밀히 관찰할 필요가 있습니다.

화장하고 싶어 하는 우리 아이, 어떻게 할까요?

솔루션 하나, 아이의 마음을 인정해주세요

아이가 화장을 시작한다면 부모는 제일 먼저 딸이 외모를 꾸미고 싶어 하는 사춘기가 된 것을 인정해야 합니다. 이럴 땐 자신의 사춘기 시절을 떠올려보면 도움이 되지요. 어른의 시선을 내려놓아야 아이와 바른 대화를 할 수 있습니다. "화장을 왜 하니?"가 아닌

"화장을 해서 예쁘게 보이고 싶구나."라고 공감을 하며 대화를 풀어나가는 것이 좋습니다.

충분한 공감을 나눈 뒤에는 어떤 화장품을 사용해야 하는지, 왜 과한 화장이 좋지 않은지 등에 대해 차분히 대화하듯 이야기해보세요. 물론 쉬운 일은 아닙니다. 상담센터를 찾는 모녀 중 상당수가 '아이의 화장'으로 인한 갈등 때문에 찾아올 정도입니다. 수많은 사례를 접하지만 마치 약속이라도 한 듯 똑같이 "우리 아이가 이상해졌어요. 제발 화장을 안 하게 고쳐주세요."라는 말을 가장 많이 합니다. 부모들은 '화장은 나쁜 것=고쳐야 하는 병'으로 인식하고 있다는 것입니다. 이렇다 보니 딸과 엄마는 극명한 입장 차이를 보이며 서로를 이해하지 못해 갈등의 골만 깊어집니다.

중요한 것은 아이의 눈으로 바라보며 공감하려는 자세입니다. 그제야 비로소 BB크림을 바른 얼굴이 아닌 훌쩍 자란 딸의 성장을 지켜볼 수 있을 테니 말입니다.

솔루션 둘, 마음을 예쁘게 화장해주세요

화장품을 사주지 않아 화가 난 아이에게 "우리 서아가 화장품을 갖고 싶은데 엄마가 사주지 않아 화가 났구나. 친구들처럼 화장하고 예뻐지고 싶은데, 엄마가 못하게 해서 정말 속상하겠네. 엄마도 서아 나이 때 화장해보고 싶어서 할머니 화장품을 몰래 발라봤단다."라고 하며 아이의 감정을 일단 이해해줍니다. 이때 부모의 어투나 표정, 눈빛이 중요합니다. 엄마 아빠가 무작정 요구를 들어주지 않는 것이 아니라, 화장이 정말 해로울 수 있고 그런 해로움을 아이에게 경험하게 하고 싶지 않으려는 진심을 전달해야 합니다.

그렇게 감정을 충분히 받아준 이후에는, 그러나 항상 모든 일이 자신의 뜻대로 되는 것은 아니라는 사실을 알려줘야 합니다. "화장품은 어른 피부를 기준으로 만들어졌기 때문에 피부 건강을 해칠 수 있어. 초등학생은 피부가 약하기 때문에 화장을 두껍게 하면 여드름, 뾰루지, 안면홍조 등의 부작용이 생길 수 있단다. 엄마 피부좀 봐. 화장을 일찍 해서 모공이 넓어지고 기미, 주근깨가 많잖니. 엄마는 사랑하는 서아의 맑고 투명한 피부를 지켜주고 싶구나."라는 합리적인 설명으로 아이의 감정을 통제해주는 것이 좋습니다.

그래도 아이가 부모의 말을 믿지 않는다면 함께 피부과를 찾아 전문의의 설명을 직접 듣게 하는 것도 도움이 됩니다. 기대나 욕구가 좌절될 때 아이는 분노를 느낄 수 있지만 이를 적절히 표출하면 부모와의 관계가 개선되고 더욱 친밀해질 수 있습니다.

🌸 양소영 원장의 마음 들여다보기

자신의 외모에 대한 관심이 늘어나고 다른 사람의 외모에 대한 관찰도 늘어나면서 아이들은 점점 더 꾸미고 싶어 합니다. 요새 외모에 대한 관심이 커지는 나이대가 빨라지고 있습니다. 어린 나이에 화장을 시작하면 피부가 상한다고 아무리 말해도 소용이 없습니다. 어떻게 이야기해야 아이가 화장을 하지 않을까요?

화장을 하든 하지 않든, 어리든 성숙하든 아이들이 원하는 것은 관심입니다. 이미 시작된 화장을 하지 말라고 하면 몰래 하게 되고, 값싼 화장품을 쓰거나 더 과해질 거예요. 자신의 외모를 꾸미고자 이미 화장품을 사용하고 있는 아이에게 무조건 화장을 금지하는 것은 좋은 방법이 아닙니다. 오히려 부모와의 갈등을 유발하고 아이의 스트레스만 심화시킬 수 있습니다. 부모는 먼저 자신을 가꾸고자 하는 자녀의 마음을 이해하려고 노력해야 합니다. 아이의 마음에 공감해주면서 현재 쓰고 있는 화장품이 어떤 문제를 일으킬 수 있는지 차분히 설명해 아이를 설득해주세요.

아이들의 문화가 되어버린 화장. 되돌릴 수 없다면 인정하고 건강한 예쁨이 될 수 있게 도와줘야 합니다. 자녀와 함께 좀 더 순한 화장품을 찾아보거나 연한 화장을 권유하는 센스 있는 방법을 찾아보는 것이 어떨까요? 함께 쇼핑도 하고 클렌징 방법도 꼼꼼히 알려주고 팩도 같이 하고… 부모와 자녀의 정서적 유대감을 높여줄 기회로 삼아서 이만큼 커버린 자녀와 친해지는 시간으로 만들어보세요.

감정 조절을
잘 못하는
우리 아이

아이 감정 그대로 받아들이기

초등학교 3학년 준형이는 새 학년에 올라가면서 자기 방 침대에 누워 있거나 혼자 지내는 시간이 점점 많아졌어요. 기운을 북돋아 주는 말을 하려고 하면 "내버려둬. 엄마는 몰라."라며 방문이 부서질 정도로 쾅 닫고는 들어가요. 사소한 일에도 발끈하며 화를 내고, 욕설이나 폭언을 하기도 해요. 평소에도 부쩍 짜증을 많이 내고 예민해졌어요. 자기감정 조절이 잘 안 되는 것 같아요. 학교에서 다투다가 친구들을 때리기도 하고 야단을 하려고 하면 대들기만 해요. 우리 아이, 어떡해야 하나요?

우울한 것인지,
괜찮은 것인지

청소년기에는 가정 문제, 학업 스트레스, 교우관계 등으로 우울증이 생기기 쉽습니다. 일반적인 우울증은 수면 장애, 식욕 부진, 체중 감소 등으로 나타나지만, 더러 겉으로 아무 문제 없어 보이는 경우도 있습니다. 사춘기 우울증의 유발인자는 가족력과 심리적인 스트레스입니다. 유전, 성장, 성호르몬, 정신적인 역경이 서로 상호작용해 위험을 증가시킵니다.

청소년 시기의 우울증은 성인과 사뭇 다른 양상으로 나타납니다. 청소년들은 슬프고 우울하다고 직접적으로 표현하지 않습니다. 이를 두고 '가면성 우울증'이라고도 하는데, 이것이 우울감, 무기력감, 의욕 저하 등을 보이는 성인 우울증과 다른 점입니다. 물론 청소년 우울증에도 증상이 있습니다. 반항적인 성향, 심한 변덕, 분노, 집중력 저하, 성적 저하, 두통이나 복통 같은 신체 증상, 등교 거부 등이 청소년 우울증으로 인해 나타나는 증상들입니다. 하지만 질풍노도의 시기에 있는 청소년들에게 이런 증상들이 나타나면 그저 사춘기 문제로 지나치는 경우가 많습니다. 그러면 안 됩니다. 병을 더 키우는 꼴이 되기 때문에 각별한 관심과 주의가 필요합니다.

모든 부모는 내 아이가 병이나 탈이 없이 건강하게, 자신감으로 꿈을 가지고 성장하기를 기대합니다. 하지만 아이의 타고난 기질과 특성, 적성, 흥미, 능력을 제대로 알고 이해하는 일이 결코 쉬운 문제는 아니지요. 같은 부모에게서 태어난 쌍둥이 형제라 해도 각자의 성격과 행동 패턴에는 분명 차이가 있습니다. 따라서 내 아이만이 지닌 개성을 제대로 알 필요가 있습니다.

아이가 공부를 잘하기 위해서나 무엇이든 잘하기 위해서는 똑똑한 머리보다는 집중력, 사고 전환 능력, 도전 의식, 자기 동기화, 자아 통제 능력, 인내심이 더 중요합니다. 그리고 이 모든 능력들은 아이의 정서 활용 능력과 직접 연결되어 있습니다. 스스로 공부를 해야겠다는 의지, 다른 유혹을 참아내고 공부에만 집중할 수 있는 능력, 미래의 꿈을 성취하기 위해 스스로를 동기화하는 능력이 바로 마음, 정서에서 나오는 것입니다. 사람은 정서, 즉 마음(mind)이 움직여야 머리가 움직이고 몸이 움직입니다.

아이의 감정을
있는 그대로 받아들이세요

부모의 양육 태도는 아이의 정서에 큰 영향을 끼칩니다. 아이의 IQ(Intelligence Quotient)에 관심을 갖는 부모들은 많지만, 정서에 주의를 기울이는 부모는 많지 않아요. 그러나 부모들이 큰 관심 없이 대강 보아 넘기는 EI(Emotional Intelligence)에는 IQ를 뛰어넘는 아이의 놀라운 힘이 숨어 있습니다.

EI, 즉 감성지능은 쉽게 말해 '마음의 힘'입니다. 다른 사람의 감정을 읽고 이해하는 능력, 자신의 감정을 긍정적으로 표현할 줄 아는 능력입니다. 이기주의는 더 심해지고, 스트레스 등 정신 장애들이 증가하는 우리 사회는 이제 '머리의 힘'을 가진 사람보다 '마음의 힘', 높은 감성지능 활용 능력을 가진 사람을 필요로 하고 있습니다. 감성지능 활용 능력은 IQ와는 달리 후천적인 경험이나 교육을 통해 향상시킬 수 있습니다.

감성지능을 높이는 시작은 아이의 감정을 있는 그대로 받아들이는 것입니다. 자신의 감정을 수용받으며 자란 아이는 감정 조절을 잘할 뿐 아니라 타인의 감정도 잘 받아들입니다. 그러나 감성지능을 높인다는 이유로 무작정 자녀를 감싸고 이해하라는 의미가 아닙니다. 자녀가 잘못해서 화가 났을 때는 화가 났다는 감정을 정확하게 전달해야 합니다. 말투에는 감정을 싣지 않고 객관적으로 이야기하는 자세가 필요하며, 아이에게 갑작스럽게 화를 내거나 흥분한 모습을 보였다면 실수를 인정하고 사과해야 합니다. 부모의 이런 모습을 보며 자란 아이들은 자연스레 감정 조절 능력과 감정 표현 방법을 익힙니다.

아이에게 행복하고 긍정적인 감정뿐만 아니라 화, 슬픔, 두려움, 공포 등의 부정적인 감정도 인지하고 표현하는 것이 몸에 배도록 도와줘야 합니다. 아이가 감정의 기복이 심하거나 감정 표현을 잘하지 못한다면, 하루 동안에 일어난 일들에 대해 감정카드('감사한' '뿌듯한' '유쾌한' '지친' '무서운' '짜증나는' '걱정스러운'과 같이 욕구가 충족되거나 좌절되었을 때의 감정을 표현한 단어가 그림과 함께 표시)를 만들어서 사용해보거나 감정일기를 써보게 하는 것도 좋은 방법입니다. 아이가 느끼는 감정, 감정을 유발한 상황이나 장면, 감정의 정도 등을 카드를 통해서 확인하도록 도와주고, 기록하게 하면 평소 아이의 감정을 이해하는 데 도움이 됩니다.

감정 조절을 못 하는 우리 아이, 어떻게 할까요?

솔루션 하나, 마음과 기분을 알아차려주세요

아이가 어떤 행동을 했다면 그 속에 숨은 마음을 알기 위해 노력해야 합니다. 아이의 기분을 물어볼 때도 "지금 학교 가기 싫어?"와 같이 "예." "아니오."로 대답할 수 있는 질문이 아니라 "지금 기분이 어때?"와 같이 아이가 마음과 기분을 충분히 표현하도록 질문을 하는 게 좋습니다.

감정적으로 꾸중하지 말고 먼저 사과해주세요. 감정적으로 잘못된 행동을 지적하지 않도록 노력해야 합니다. 감정이 실린 야단을 치면 아이는 이해하기 어려워요. 비난은 아이의 마음에 오랫동안 기억될 수 있고 상처를 안겨줍니다. '미안하다'는 말의 위력은 생각보다 매우 크답니다. 부모가 먼저 사과하면 아이도 사과하는 법을 배우지요. 부모도 실수를 합니다. 실수를 했을 때 사과를 하면 괜찮다는 것을 알게 되면 아이는 큰 힘을 얻게 돼요.

"왜 아직 자고 있니?" "왜 공부하지 않니?" "왜 그런 표정을 짓는 거야?" 하는 식으로 "왜?"를 연발하는 부모는 사실 아이와 깊은 관계로 맺어져 있지 않습니다. 아이가 싫지만 아이에게 싫다는 내색은 하고 싶지 않고 아이에게 미움받고 싶지도 않은 것입니다. "왜?"라고 말하는 부모의 마음은 아이에게 원했던 것이 이루어지지 않아서 불만을 품고 아이를 미워하며 책망하고 있습니다. 이런 부모는 자신이 책임지고 싶어 하지 않습니다. 이렇듯 부모는 아이를 위해서 먼저 자기 자신을 돌아볼 수 있어야 합니다.

솔루션 둘, 감정을 스스로 깨닫게 해주세요

하루에 30분 이상 아이와 대화를 나누는 시간을 가지는 것이 유익합니다. 그리고 설득력 있게 이야기하도록 조금씩 이끌어주세요. "응, 찬이는 왜 그렇게 하고 싶었니? 그다음에 무슨 일이 있었니?" 식의 생각을 유도하는 질문을 이어가고 엄마 생각도 공유해주면, 아이는 스스로 논리를 세워나가는 실력을 조금씩 키워갑니다.

대화할 때는 아이에게 '정해진 답'을 유도하지 말고 스스로 생각하고 논리를 만들어갈 수 있도록 추임새를 넣으며 도와주는 것이 중요합니다. 아이의 두뇌는 미완성 상태입니다. 말하는 도중에 말이 막힐 수도 있고 기대하는 만큼 잘하지 못할 수도 있습니다. 이럴 때 실망하는 기색을 보이지 말고 "좋은 생각이구나." "그렇구나." "그랬구나." 식의 긍정적인 반응으로 아이를 격려해주세요.

아이가 이유 없이 우울해하거나 짜증을 부릴 때 "너 왜 이러니?"라고 핀잔을 주면 아이는 마음의 문을 더욱 굳건히 잠그게 됩니다. 아이에게 자신의 기분을 마음대로 적어보게 함으로써 자신의 감정을 스스로 깨닫게 할 수 있는 기회를 제공하는 것이 좋습니다. '죽고 싶다.' '기분이 나쁘다.' 등 솔직한 심정을 적을 수 있는 기회가 생기면 그 자체만으로도 기분 전환이 됩니다.

또 아이가 자존감을 되찾을 수 있도록 도와야 합니다. 우울한 아이는 소극적이기 때문에 자기 가치를 강화해주는 기회를 만나기 쉽지 않습니다. 따라서 아이와 입씨름을 벌이기보다는 정상적인 활동에 아이를 자연스럽게 참여시켜야 합니다. 아이가 평소 즐기는 활동이나 운동을 통해 성취감을 갖게 해야 합니다. 처음엔 관심을 보이지 않고 시큰둥하더라도 지속적으로 참여시키면 시간이 지나면서 열정이 생길 거예요.

아이들의 감정 조절이 어려운 이유는 타고난 두뇌 특성도 중요하고, 성장 환경과 경험의 영향도 있기 때문입니다.

청소년기 아이들, 아니 어른들 중에도 감정 조절에 어려움을 겪는 사람은 흔합니다. 기분이 나빠지면 어쩔 줄 몰라하고, 안 좋은 기분을 가지고 있다가 작은 일에 폭발하는 식입니다. 지나간 일을 빨리 털지 못하고, 해결할 수 없는 것에 매달리며 자신의 부족한 감정 에너지를 무의미하게 소비합니다.

감정 조절이 어려운 아이를 도와주기 위해서는 부모나 아이 주변의 사람들이 보다 건강한 방식으로 화나는 감정을 표현하는 모습을 보여주고, 이를 보며 자연스레 습득할 수 있도록 도와주어야 합니다. 아이에게 화가 나는 상황에 "Stop(멈춰, 그만)!" 하고 큰 소리를 지르거나 화를 내는 대신 숫자를 1부터 10까지 세어보기, 심호흡하기, 즐기는 음악 듣기, 좋아하는 사람 사진 보기 등의 대안행동을 알려줘 분노 폭발의 빈도를 줄여볼 수 있습니다. 이 외에도 아이에게 맞춘 다양한 방법을 동원해 화를 조절할 수 있다는 자기효능감을 느끼게 합니다. 아이는 자기효능감을 가지고 분노폭발로 인한 꾸중이나 교우관계의 어려움과 같은 부정적 결과를 함께 줄일 수 있게 됩니다.

칭찬만
받으려고 하는
우리 아이

올바르게 칭찬하는 법

유치원에서 돌아온 아이가 "나 유치원 가기 싫어."라고 합니다. "민정아, 오늘 유치원에서 무슨 일 있었어? 기분이 안 좋아 보이네." 하고 물으니, 아이는 울 듯한 표정으로 "엄마, 선생님이 나만 미워해. 나 유치원 안 갈래!"라고 하네요. 아이는 울먹이며 "손 들었는데도 나는 안 시켜주고, 다른 친구들만 쳐다보고 나한테는 웃어주지도 않고, 내가 그림 잘 그렸는데도 칭찬도 안 해줬어."라고 이르듯 말합니다. 유치원에 찾아가서 선생님을 만나봐야 할까요?

칭찬과 격려는
아이의 창의성을 높여줍니다

적절한 칭찬이 필요해요

무언가 결과가 좋았을 때보다는 힘든 일을 하려다 실수했을 때 "힘든 일인데 해보려고 노력하는 네 모습이 자랑스럽구나. 잘 되지 않아도 끝까지 포기하지 않고 하면 어떻게 되나 우리 한번 보자."라는 말로 칭찬과 격려를 해주는 것이 용기 있는 아이로 자라도록 도와줍니다. 예를 들어서 아이가 80점을 받던 아이가 시험에 90점을 받아왔다면 "조금 더 노력해서 100점을 받지 왜 90점밖에 못 받았니?"라며 다그칠 것이 아니라 "와~ 90점이나 받았네. 지난번보다 10점이나 더 받았네. 많이 노력했구나. 기특하다." 하며 노력의 정도를 칭찬해주어야 합니다.

과정은 무시하고 결과물만을 칭찬하는 부모 아래에서 자라는 아이는 과정보다는 결과에 매달리게 됩니다. 어려운 일에 도전하는 대신 쉬운 일을 해서 칭찬만 받으려고 합니다. 지금은 서툴더라도 열심히 노력하는 과정, 노력의 정도를 칭찬하는 부모의 아래에서 자녀는 자립심 강한 아이로 성장합니다. 무조건 칭찬만 많이 하기보다는 상황에 맞는 적절한 칭찬이 필요한 이유입니다.

부모의 기대 수준이 중요해요

부모의 기대 수준이 높아 인정, 칭찬, 격려에 인색하면 아이들은 어느 방향으로 자신의 생각이나 행동을 바꾸어가야 할지 몰라 어려움을 겪습니다. 아이가 우유를 쏟고 곧 걸레를 가져와 닦을 때, 놀이에 몰입했을 때, 학교에서 돌아와 시키지 않아도 숙제를 할 때 등 예전과 다르게 행동을 스스로 하는 것을 보는 그 순간이 칭찬을 해야 하는 순간입니다. 칭찬할 때는 결과보다 과정을 칭찬합니다. 결과에 대한 칭찬은 다음에도 잘해야 한다는 부담으로 이어지고, 아이들은 평가의 기준에 부담감을 느끼게 됩니다.

기관생활을 하면 사회적 센스가 발달해요

앞서 이야기한 민정이와 같은 성향의 아이들은 눈이 마주치면 반드시 웃어주어야 하고, 선생님은 아이가 불렀을 때 반가워하며 "우리 민정이는 어떠니?"라고 반응해줘야 합니다. 어쩌다 반응이 적으면 아이는 금세 기분이 나빠집니다. 부모도 마찬가지입니다. 언제나 웃으면서 친절하게 대해주지 않으면 정서적으로 힘들어하고 외롭다고 소외감을 느끼게 되고 칭찬과 관심을 받아야만 안심을 합니다.

아이가 기관생활을 시작하면 이런 성향은 성취욕구가 커집니다. 예를 들어 오늘 아빠 표정이 좋지 않습니다. 그런데 마침 아이는 시험을 봤는데 잘 보지 못했습니다. 그러면 아이는 자기가 시험을 못 봐서 아빠의 기분이 안 좋은 거라고 생각합니다. 아빠에게 왜 기분이 나쁜지 물어보지도 않고 혼자 힘들어합니다. 이런 아이들은 칭찬과 관심을 아무리 많이 줘도 그렇습니다. 선생님이 아까 나를 보고 웃지 않은 것이 이전 시간에 받아쓰기를 많이 틀려서, 그림을 못 그려서 그렇다고 생각하고 상처를 받게 됩니다.

아이가 이렇게 성취도에 민감한 이유는 아이가 민감한 성향도 있지만, 유치원만 들어가도 아이들의 성취도에 따른 평가가 있기 때문입니다. 이럴 때 민감한 성향의 아이는 아이는 부모나 선생님이 '나를 좋아하지 않아.'라고 생각합니다. 실제 그렇지 않아도 자신을 인정해주지 않는다고 느낍니다.

이렇게 예민한 성향의 아이는 아주 민감하게 다른 사람의 표정을 읽고, 분위기도 파악합니다. 눈치도 볼 줄 알고, 그 기대치에 부응하려고 노력합니다. 이는 사회적 센스가 발달한 것입니다. 아이의 강점으로 활용될 수 있도록 도와줍니다. 약점이 된다면 아이도 주변 사람들도 함께 힘들어진답니다.

아이의 성향에 맞춰서 칭찬해요

아이들은 어릴 때부터 성향을 잘 파악해서 적절하게 지도해주어야 합니다. 칭찬도 마찬가지입니다. 아이의 성향에 맞춰서 칭찬을 해주어야 효과적입니다. 상대방의 반응에 민감한 성향의 아이들은 아이와 일대일로 있게 되는 기회를 잘 활용해야 합니다. 아이가

"엄마~" 하고 다가오면 함박웃음을 지으면서 "다연이 왔구나." 하고, 머리도 쓰다듬어주고, 따뜻하게 안아주기도 합니다. 아이에게 '나는 너에게 호감이 있다'는 것을 확인시켜줍니다.

긍정적인 에너지를 많이 채워서 애착관계를 단단히 맺은 다음, 상냥하게 "엄마가 바쁠 때는 못 안아주기도 해. 속상해하지 마."라고 귀띔해주는 것이 중요합니다. "언제나 너를 사랑해. 그런데 바쁠 때는 네가 부를 때 한 번에 못 올 수도 있어. 대답을 못 할 수도 있어."라고 이야기해줍니다. 상황을 오해하지 않도록 어릴 때부터 연습시켜주어야 합니다. 그래야 상황에 따른 '사회적 인지'가 생겨납니다.

아이에게 좋은 칭찬 VS. 나쁜 칭찬

좋은 칭찬은 아이에게 있어서 어떤 것들을 구체적으로 칭찬해주는 것을 말합니다. "예쁘다." "잘했다."가 아니라 "오늘 스스로 옷을 입고 엄마를 도와주니 예뻐." "동생을 도와주고 동생에게 간식을 나누어주니 잘했어."라고 아이에게 구체적으로 칭찬해주는 것이 좋은 칭찬이라고 할 수 있습니다.

반대로 나쁜 칭찬은 "잘했어." "그렇게 해야지."라고 단답식으로 이야기하거나 구체적인 행동을 이야기해주지 않아서 아이가 무엇을 잘했고, 아이의 어떤 행동에 부모가 기뻐하는지 알기 힘든 발언들을 나쁜 칭찬이라고 할 수 있습니다.

부모들은 가끔 격려와 칭찬을 혼동하기도 합니다. 격려란 아이가 잘하지 않았어도 "윤아가 있어서 엄마는 정말 큰 힘이 나." "윤아를 보니까 아빠는 기분이 너무 좋아."라고 부모가 아이의 존재를 인정해주고 아이의 존재만으로도 웃어주고, 밝은 표정으로 편안하게 대해주는 것입니다. 아이 스스로 자신의 존재에 대해 자신감을 가질 수 있도록 도와주는 것이 격려입니다.

칭찬이란 아이가 어떤 행동이나 이야기를 했을 때 부모가 그것에 대해 잘했다고 이야기해주고 그 행동에 대해서 구체적인 지지를 해주는 것입니다. 칭찬도 자신감과 유능감을 북돋아주지만, 격려가 동반된 칭찬만이 아이에게 '내가 무언가를 잘하지 않아도 나는 여전히 부모님의 굉장히 소중한 존재'라는 확신을 들게 할 수 있습니다. 어떤 행동만을 잘하려고 하지 않고 잘하지 못해도 괜찮다는 점을 이야기해줘야 아이는 자존감이 높아집니다.

칭찬만 받으려는 우리 아이,
어떻게 할까요?

솔루션 하나, 아이 스스로 동기 유발이 될 수 있는 말을 해주세요

제대로 된 칭찬이란 아이가 어떤 행동을 의식적으로, 학습적으로 반복하도록 부담감을 주는 것이 아니라 스스로 동기 유발이 되도록 도와주는 것입니다. 그러므로 어떤 행동을 했을 때 잘잘못을 나눠서 잘했을 때만 칭찬을 해주는 것이 아니라, 잘못했을 때도 그럴 수 있다는 것을 인정하고 노력했다는 점을 칭찬을 해주는 것이 매우 중요합니다.

부모가 격려나 칭찬을 할 때도 "잘했어."같이 얼버무리거나 "1등 했구나. 대견해."같이 결과 위주로 이야기하기보다 "열심히 노력했구나." "거봐, 엄마는 네가 할 수 있을 거라고 생각했어." "엄마는 네가 마음만 먹으면 더 잘할 수 있을 거라 믿어."같이 과정이나 노력을 칭찬하는 것이 중요합니다. 행동의 잘하고 못하고를 떠나서 노력하는 과정에 대한 칭찬들을 구체적으로 해주는 것이 아이의 자존감 형성에 매우 중요한 도움을 줍니다.

솔루션 둘, "잘했어." 한마디에 스킨십을 보태주세요

칭찬의 언어를 하는 것도 중요하지만 그보다 먼저 아이는 부모님의 목소리 톤, 눈빛, 표정 등의 분위기를 훨씬 더 중요하게 받아

들입니다. 그래서 칭찬을 할 때는 "잘했어."라는 단답형보다 구체적으로 "어떻게 행동을 해서 잘했어."라고 표현해주는 것이 좋습니다.

　칭찬을 할 때도 아이를 항상 바라봐주고 흐뭇한 모습, 뿌듯한 모습으로 스킨십을 함께 해주면서 (아이의) 존재 자체에 대한 기분 좋은 느낌을 같이 전달해주세요. 아이가 어떤 행동에 대한 칭찬뿐 아니라 자신에 대한 존재감을 확인할 수 있는 좋은 도구로 활용될 수 있습니다.

 양소영 원장의 마음 들여다보기

　　아이를 키우는 부모들은 항상 자신의 가치 기준에 대해서 생각해야 합니다. 부모들은 자신의 가치관과 사고의 틀에 맞춰 아이를 칭찬하고 인정하고 격려하게 되기 때문입니다. 바람직한 행동인지를 판단하는 일은 쉽지 않지만 아이의 마음과 표현, 행동이 어제보다 오늘 달라진 부분이 있다면, 구체적으로 마음을 다해 칭찬과 격려를 해주어야 합니다.

　　부모의 진심이 담긴 칭찬과 격려는 아이들의 유능감과 효능감을 증진시킵니다. 아이들은 다른 사람, 특히 부모로부터 칭찬과 격려를 받고 싶어 합니다. 아이들은 양육자로부터 자신이 한 일에 대해 긍지를 얻고, 그다음에 다른 사람으로부터 인정, 칭찬, 격려를 받아야만 마음의 키가 자라게 됩니다. "나도 할 수 있어."라는 긍정적인 생각을 하게 됩니다. 아이를 지지해줄 수 있는 주변 양육자가 중요합니다.

칭찬과 격려는 반드시 필요하나 진심을 다해서, 필요한 때 적절한 방법으로 아이의 성향에 맞게 해야 합니다. 또 아이 수준에서 바람직한 생각이나 행동을 했을 때 알맞게 하는 것이 가장 효과적입니다.

조금만 어려워도
금방 포기하려 하는
우리 아이

마음의 힘 길러주기

우리 아이는 뭐든 하다가 조금이라도 잘할 수 없을 것 같으면 바로 포기하거나 아예 하지 않으려고 해요. 잘할 수 있는 것만 하려고 하고, 조금만 실수해도 움츠러들고 소심해져요. 왜 그러느냐고 물어봐도 말로 자기 기분을 잘 표현하지 않아요. 혼자서 뭘 생각하는지 잘 모르겠어요. 자꾸 "엄마가 해줘."라고 하고 제 눈치만 봐요. 유치원에서도 잘하려고만 하고 잘 못 하는 일이 있으면 선생님께 도움을 요청하거나 그냥 울어버린대요. 항상 잘하려고만 하는 우리 아이, 어떡하면 좋을까요?

실패에 대처하는
각각의 태도

두 명씩 짝을 이루어 진행한 교내 토론 대회. 주제는 '역사 인물 가운데 현재 우리나라 대통령으로 가장 알맞은 사람은 누구인가?'였습니다. 초등학교 5학년 지은이와 유진이가 고른 인물은 신라 시대의 선덕여왕이었어요. 조선 시대 이순신 장군을 고른 팀과 맞붙어 최선을 다했지만 패배를 맛보았습니다.

탈락한 게 아쉬운 건 마찬가지. 하지만 결과를 받아들이는 태도는 확연히 달랐습니다. 지은이는 "다음엔 더 열심히 준비해야겠어!"라고 의욕을 보인 반면, 유진이는 "열심히 준비했는데… 억울하고 창피해. 이제 대회 안 나갈 거야!" 하면서 짜증을 부리더군요.

아이가 좌절했을 때 보이는 모습은 그야말로 다양합니다. 주목할 점은 부모의 양육이 자녀의 마음 근육을 강하게도 약하게도 만들 수 있다는 것입니다. 문제 상황에 직면했을 때 부모가 어떤 말을 하고, 어떻게 행동하느냐에 따라 아이의 회복 탄력성도 차이를 보입니다.

시련과 실패의 상황을 슬기롭게 극복하는 아이의 특징은 다른 사람과 관계가 원만하고 자기 통제력이 높다는 것입니다. 부정적 정서를 잘 조절해 긍정적 마인드로 바꾸는 힘이 강하지요. 초등학교 3학년 세희는 친구 사이에 의견 대립이 있으면 중재를 잘하는 것으로 유명합니다. 다른 사람 기분을 살피는 것은 물론 자기감정을 다루는 일도 능숙하지요. 세희 엄마는 아이가 어릴 때부터 자기 기분을 말로 상세히 풀어내도록 양육한 경우예요.

"라디오에서 경쾌한 클래식 음악이 흘러나오면 '와, 이 곡은 꼬마 병정들이 발 맞춰서 걸어가는 걸 표현한 것 같지? 엄마 마음도 밝아져.'라며 말을 걸고, 아이가 애교 섞인 목소리로 엄마를 부르면 '우리 세희 덕분에 정말 행복하네.'라고 이야기해요. 아이가 실수를 해 화가 나는 순간에는 무작정 소리 지르거나 비난하기보다 잘못한 행동을 콕 집어서 알려주지요. 이런 방식이 효과가 있었는지 아이가 또래에 비해 자기감정을 잘 다뤄요."

즐겁고 기쁜 일뿐만 아니라 슬프고 짜증나는 일도 차근차근 표현하도록 도와주면 아이도 불안과 긴장 같은 부정적 기분이 들 때 스스로 빠져나오는 방법을 익힐 수 있습니다.

엄마의 걱정과 불안이
더 문제입니다

"직장생활로 마음에 여유가 없으니 늘 아이를 재촉하기 바빠요. 아이가 실패를 하면 격려해줘야 하는데 실망하거나 화만 내요. 이런 과정이 반복되니 부작용이 크네요. 매사에 무기력하고 기본적인 일조차 스스로 하지 않으려고 해요."

시우 엄마는 걱정이 많습니다. 초등학교 2학년 아들 시우가 요즘 들어 부쩍 한숨 쉬는 일이 잦고, 해야 하는 과제를 포기하는 일이 많아졌기 때문입니다. 친구들과 축구를 하다가 헛발질로 골 찬스를 놓치거나 수학 시간에 잘못된 답을 구하기라도 하면 "나는 잘 못 해." "내가 이럴 줄 알았어!" 하면서 자기 자신을 탓합니다. 노력하면 충분히 문제를 해결할 수 있는데도 안절부절못하다 상황을 회피하는 일이 자주 일어납니다.

시우 엄마는 "엄마, 나 못 할 것 같아." "그냥 안 할래." "엄마가 대신해줘."라는 말을 달고 사는 아들이 답답하지만, 한편으론 미안하다고 합니다. 엄마의 잘못된 양육 태도 때문에 아이가 나약해진 것은 아닐까 후회스럽다는 이야기입니다.

학교에서 그림 그리기나 글쓰기 대회를 하면 '우리 아이만 상을 못 타는 게 아닐까.' 염려하는 엄마가 많습니다. 예상 주제를 뽑아 밑그림을 그려주기도 하고, 엄마가 쓴 내용을 줄줄 외워서 그대로 옮기도록 하는 경우도 종종 있어요. 과연 결과만 좋으면 될까요? 이런 일이 반복되면 아이는 앞으로 스스로 해야 할 일에 엄두를 내지 못하게 됩니다. 실패할 경우 열등감에 시달릴 가능성도 큽니다.

인생은 장애물 허들 경기입니다. 어려서부터 좌절과 역경을 뛰어넘는 연습이 필요한 법! 시련을 딛고 일어서는 '마음의 힘'을 길러줘야 합니다. 아이의 마음을 단단하게 만들어주세요.

쉽게 포기하는 우리 아이,
어떻게 할까요?

솔루션 하나, 남과 비교하거나 남을 의식하는 말을 하지 말아요

이번 학기에도 학급 회장 선거에 나가겠다는 아이. 지난번 낙선의 충격을 딛고 용기를 낸 것이 분명합니다. 하지만 이때 자녀의 의지를 꺾는 엄마가 적지 않아요. "두 번이나 떨어졌는데 또 나가게?" "이번에도 친구들이 안 뽑아주면 어떡할래?" 하면서 말이지요. 엄마가 다른 사람의 시선을 지나치게 의식하면 아이도 실패를 두려워하며 도전 정신이 꺾일 수밖에 없습니다.

대회에 참여했는데 상을 타지 못하거나 시험 성적이 떨어지는 등 좋지 않은 일을 겪을 때는 실패 경험을 자기 가치와 동일시하지 않도록 도와줘야 합니다. 객관적으로 담담히 받아들이도록 부모가 의연한 자세를 보이는 것이 중요해요. "왜 틀렸어?" "좀 더 노력하지 그랬어?" "넌 어떻게 잘하는 게 하나도 없니?"라고 몰아붙이고 결과에 집착하면 아이도 좌절감에서 벗어나기 힘듭니다.

솔루션 둘, 감정을 드러내도록 배려하기

두려움과 슬픔, 분노와 짜증은 마음의 유연성을 떨어뜨리는 대표적인 감정입니다. 하지만 무조건 회피하는 것은 바람직하지 않습니다. 조절하는 훈련이 필요하지요. 감정을 10층짜리 건물에 비유

하는 건 유아와 초등학생에게 알맞은 감정 조절 연습법이에요. 예를 들어 화가 정말 많이 날 때는 "엄마, 내 화가 지금 옥상까지 올라갔어!"라고 말하는 거예요. 계단으로 천천히 내려오는 모습을 상상하면서 분노의 감정을 누그러뜨릴 수 있도록 유도해보세요.

🌋 양소영 원장의 마음 들여다보기

부모가 앞장서서 무엇이든 해주기보다는 아이 스스로 계획하고 실천할 수 있도록 이끌어주세요. 당장 스스로 해내지 못하더라도 격려해주고 지켜봐줍니다. 여러 번 어려움을 직접 경험하고 극복함으로써 아이는 자신감을 가질 수 있습니다. 스스로 해낸 일에 대해서는 분명하게 인정해주고 으쓱할 정도로 기분좋게 칭찬해주세요. 이런 과정을 반복해서 체험함으로서 아이는 어려워도 금방 포기하지 않은 아이로 성장합니다.

아이는 많은 것을 경험하고 선택의 과정을 거쳐 성장합니다. 특히 포기하지 않는 힘, 인내심과 끈기는 도전에 성공하면서 성취감을 얻고 스스로 선택한 결과를 받아들이는 훈련을 통해 완성됩니다. 인내심이 부족한 아이에게 오래 기다리는 시간은 힘들고 어려운 일입니다. 하지만 그 시간을 참았을 때 받는 만족감이 크다는 것을 알려줍니다. 하나부터 열까지 전부 해주는 부모 밑에서 자란 아이는 선택하는 능력과 인내하는 힘을 기르기 어렵습니다. 아이의 인내심을 기르기 위해서는 부모와의 약속과 신뢰가 무엇보다 중요한 것임을 잊어서는 안 됩니다.

규칙과 질서를 지켜야 하는 놀이 또한 인내심을 기르는 데 좋습니다. 게임의 순서와 방법, 벌칙에 대한 규칙을 정하고, 지거나 실패하더라도 반드시 지켜야 한다고 알려줍니다. 처음 실패할 때는 울기도 하고 짜증도 내겠지만, 몇 번의 성공과 실패를 경험하면 실패도 받아들이게 되고 인내심과 참을성도 길러집니다. 기다림을 견디고 목표를 이루어내는 경험이 많을수록 성취감을 맛보고, 견딜 수 있는 인내심, 도전을 할 수 있는 자신감이 생긴답니다.

다른 친구에 비해
초라하다고 생각하는
우리 아이

소통으로 함께 행복 찾기

초등학교 6학년 딸아이가 죽고 싶다는 말을 자주 해서 걱정이에요. 자기는 공부도 못하고 얼굴도 못생겼고, 다른 친구들처럼 엄마아빠가 전문직도 아니고, 아파트 평수도 넓지 않고, 아빠 차가 좋은 차가 아니어서 친구들 앞에서 기가 죽는대요. 친구들이 자기를 좋아하지 않아서 학교도 가기 싫대요. 학원도 자주 빠지고 멍 때리고 있는 우리 아이를 어떡하면 좋을까요?

청소년들은 외모, 가정형편 등 걱정이 많아져요

통계청 및 여성가족부 2019년도 청소년 통계에 따르면, 우리나라 13세 이상 청소년이 가장 고민하는 문제는 직업(30.2%)이며, 그다음으로 공부(29.6%), 외모(10.9%) 순으로 나타났습니다. 2년 전보다 직업(1.3%p), 용돈 부족(0.7%p), 건강(0.6%p)에 대한 고민은 늘고, 공부(−3.3%p), 가계경제(−1.0%p), 가정환경(−0.3%p)에 대한 고민은 줄어들었습니다. 성별로는 남자 청소년은 건강, 용돈, 공부에서 여자 청소년은 외모, 가정환경, 직업, 친구에 대한 고민이 상대적으로 더 많은 것으로 나타났습니다. 연령대별로는 13~18세 청소년은 공부(47.3%)와 외모(13.1%), 19~24세는 직업(45.1%)과 공부(14.9%)에 대해 고민을 가장 많이 하고, 신체적·정신적 건강, 가정환경, 가계경제 어려움, 용돈 부족, 직업, 친구(우정), 이성교제(성 문제), 기타 문제로도 고민이 많은 것으로 드러났습니다.

인터넷 이용시간(주평균)은 전년보다 10대는 54분, 20대는 36분 증가했습니다. 2018년 10대 청소년은 일주일에 평균 17시간 48분(일평균 2시간 32분), 20대는 24시간 12분(일평균 3시간 27분) 동안 인터넷을 이용하는 것으로 나타나서, 인터넷 이용시간(주평균)은 최근 6년 동안 지속적으로 증가하고 있습니다.

2018년 비만군 학생들의 비율은 25.0%로, 그중 과체중이 10.6%,

비만이 14.4%로 나타나 전년 23.9%(과체중 10.3%, 비만 13.6%)보다 1.1%p 증가했습니다. 학생들의 비만율은 패스트푸드, 탄산음료 및 단맛음료 섭취율 증가로 인해 전년보다 0.8%p 증가해 꾸준한 증가 추세를 보입니다.

2018년 중고등학생의 우울감 경험률은 27.1%로 2017년(25.1%)보다 2.0%p 높게 나타났으나, 10년 전인 2008년(38.8%) 대비 11.7%p 감소했습니다. 성별로는 남학생 21.1%, 여학생 33.6%로 여학생이 남학생보다 12.5%p 높았으며, 남학생 및 여학생 모두 학년이 올라갈수록 우울감 경험률도 높은 것으로 나타났습니다.

10대 자살률이 2015년 4.2명, 2016년 4.9명입니다. 청소년 자살 요인으로는 우울증, 무망감, 충동성과 공격성, 학업 관련 스트레스, 음주와 약물 등을 들 수 있습니다. 우울증에 가장 영향을 주는 것 중 하나는 크고 작은 상실입니다. 친구나 배우자, 부모, 자녀의 죽음 같은 가족의 상실, 질병이나 사고로 인한 신체의 상실, 돈이나 사업의 실패 같은 성취감의 상실, 이혼 같은 관계의 상실 등 예기치 못한 일에 대한 충격으로 분노, 두려움, 슬픔 등으로 우울 증상이 오는 경우가 많습니다.

자살을 시도한 남자 청소년의 1/5과 여자 청소년의 1/3이 과거 자살 시도 경험이 있습니다. 10대 초중고등학생들 중 시험이나 성적을 우려하는 집단이 그렇지 않은 집단보다 2배 이상 자살 충동을 받습니다. 10대 청소년은 자살 충동의 가장 큰 원인은 성적, 진학입니다. 실제 자살 유가족들의 자살 위험도는 일반인보다 6배나 높다고 알려져 있습니다. 우리나라 남자 청소년의 자살률은 OECD 회원국와 비슷해 약간만 높을 뿐인 데 비해 여자 청소년의 자살률은 OECD 회원국 평균의 서너 배가 된다는 것도 주의 깊게 살펴 대응해야 할 부분입니다. 청소년들에게는 건강한 롤모델이 필요합니다. 과거의 가족제도에서는 청소년을 지지해주는 가족이라는 롤모델이 존재했으나, 핵가족화·개인화된 요즘 청소년들은 롤모델을 또래 집단이나 연예인 등에서 찾는 경우가 많습니다.

아이돌 스타에 익숙한 청소년들은 외모 가꾸기와 다이어트에 목숨을 걸기도 합니다. 성형수술을 하려고 용돈을 빼돌리거나 아르바이트를 하거나, 심지어 성매매를 하는 경우도 적지 않습니다. 요즘은 여자 청소년들뿐만 아니라 남자 청소년들도 화장과 성형수술에 관심이 많아졌습니다. 자신의 체형에 대한 불만으로 다이어트를 시도하는 청소년들도 많습니다. '청소년 건강실태 조사'에 따르면, 10대 청소년들 중 57.6%가 자신의 체형에 만족하지 못해 다이어트를 시도해본 적이 있었습니다. 가장 많이 시도해본 다이어트 방법은 '식사량을 줄이는 것(73.8%)'이었습니다.

하지만 영향 요구량이 많은 청소년 시기에 행하는 무리한 다이어트는 빈혈이나 월경 불순, 성장 부진 등의 건강 문제를 불러올 수 있고, 성장하는 청소년기에 받는 성형수술은 자칫 정상적인 성장 발달을 저해할 수 있어 고민거리가 악순환할 수 있습니다.

일반적으로 자살까지 생각하게 만드는 경제적 어려움은 실제적인 어려움일 때가 많습니다. 사회의 급격한 변동으로 중산층에서 갑자기 무너져버린 가족이나 부모의 이혼과 같은 가족 형태의 변화를 겪은 가족, 빚에 허덕이는 저소득층 가족 등에 속한 청소년들은 경제적 어려움을 피부로 느끼게 됩니다.

그런데 경제적으로 어렵다고 느끼는 대개의 아이들은 부모에게 돈을 더 많이 벌기를 요구하지 않습니다. 이는 곧 가계경제에 대한 청소년들의 고민이 경제적 어려움 자체에 대한 것이라기보다는 경제적 어려움으로 인해 풀 죽거나 불안해하는 부모의 모습에서 비롯된 경우가 더 많기 때문입니다. 가계경제 자체는 청소년의 행복을 결정하는 주된 요인이 아닙니다. 오히려 경제적 어려움으로 인한 부모와의 관계 불안이 아이를 고민하게 만듭니다.

우리나라 사회와 경제에는 구조적인 불안이 존재합니다. 입시경쟁의 시스템은 학교를 삭막하게 만듭니다. 그리고 이런 요인들은 청소년들에게서 꿈을 빼앗아갑니다. 요즘 많은 청소년들이 꿈을 포기할 뿐만 아니라 학업에 대한 무기력감을 호소합니다. 특히 강압적이고 독단적인 성향을 가진 부모 밑에서 자라, 제대로 된 칭찬이나 격려를 받지 못한 아이들은 학업뿐만 아니라 생활 전반에 걸쳐 우울감을 나타내기도 합니다.

사춘기 아이들의 행복감은
'가족'이에요

사춘기 아이들에게 부모는 별로 중요한 존재가 아닌 것처럼 보입니다. 이들에게는 또래나 이성 친구, 연예인들이 더 큰 영향력을 발휘하는 것처럼 보입니다. 그러나 그렇지 않습니다. 여러 연구들에서 청소년들의 주관적 행복감을 좌우하는 가장 큰 조건은 여전히 '가족'인 것으로 나타나고 있습니다.

전국의 청소년(초등 4학년~고등 3학년)을 대상으로 이루어진 한 연구에 따르면 우리나라 청소년들은 '행복하기 위해 가장 필요한 것이 무엇인가?'라는 질문에 1/4(26.2%)이 '화목한 가족'이라고 응답했습니다. 물론 '화목한 가족'이 행복에 중요하다는 생각은 초등(43.6%), 중등(23.5%), 고등(17.5%) 학생으로 연령이 높아지면서 다소 약해지는 경향이 있으나, 가족은 여전히 행복 조건에서 부동의 1위를 차지하고 있습니다.

청소년들이 성적이나 진학 문제, 친구관계의 어려움, 외모로 인한 열등감 등의 각종 스트레스 요인들을 감내하고 버텨나갈 수 있는 힘은 가족, 특히 부모의 사랑과 격려로부터 옵니다. 이런 사랑과 격려의 원천이 되어야 할 부모가 제대로 역할을 수행하지 못하거나 부모와 갈등이 생기게 되면 청소년들은 자살이라는 극단적인 선택을 생각하게 됩니다. "가족 따위 필요 없어. 나는 빨리 돈 벌어서 집 나갈 거야."라면서 부모에게 대들고 대화의 문을 닫아버리는 청소년 자녀라 할지라도, 실상 이들에게 가족은 여전히 안식처이며 버틸 힘이 되어주어야 한다는 것입니다.

　우리나라 사람들이 무엇을 할 때 가장 행복을 느끼는지를 조사한 결과, 먹을 때와 대화할 때 가장 행복한 것으로 나타났습니다. 함께 먹으면서 대화하는 시간을 가장 자연스럽게 가질 수 있는 사람들이 가족입니다. 함께 먹는 것은 청소년과 부모, 특히 말주변이 없는 아빠들에게는 가장 편안하게 자녀들과 즐거운 시간을 보낼 수 있는 활동입니다. 우리나라 청소년들이 가족들과 함께 밥을 먹는 횟수는 다른 나라에 비해 현저히 적습니다. 자녀와의 관계 개선을 원한다면 함께 식사를 하는 기회를 만들어보세요.

행복하지 않다는 우리 아이, 어떻게 할까요?

솔루션 하나, 부모와 자녀의 소통이 필요해요

몸싸움하고, 놀이동산이나 수영장에 가고, 블록 쌓기를 하면서 함께 노는 것으로 아이와 충분한 소통이 되던 시절이 있었습니다. 그러나 아이들이 사춘기에 들어서면서는 어떻게 함께 시간을 보내야 할지 모르겠다고 합니다. 아이는 부모와 함께 있기보다 자기 방에 혼자 있으려 합니다. 학업 등으로 바빠지면서 함께할 수 있는 시간 자체도 줄어듭니다. 이런 상황에서 아이와 어떤 활동을 하면서 소통할까요? 우리의 창의적 아이디어가 필요합니다.

외식이 잦은 아빠들은 집밥을 가장 좋아합니다. 그런데 엄마는 집밥을 차리기 힘들어합니다. 그래서 집에서 함께 밥 먹는 것이 엄마들에게는 기쁨이 아닌 경우가 있습니다. 그렇다면 두 가지 방법이 있습니다. 엄마가 아닌 다른 사람이 음식을 준비하거나 외식을 하는 것입니다. 엄마가 사랑하는 가족들을 위해 음식을 준비하는 게 뭐가 힘느냐고 묻지 않습니다. 힘들어하면 그대로 받아들이고, 아빠가 한번 솜씨발휘를 해보든지, 아빠와 아이가 함께 솜씨발휘를 해보든지 합니다. 요즘 요리에 문외한이었던 사람들도 쉽고 맛있게 요리할 수 있는 레시피가 유행입니다. 그런 레시피를 따라 하면 요리를 쉽고도 즐겁게 할 수가 있습니다. 함께 만들고 함께 먹고 함께 치우는 과정은 더 이상 고단한 가사노동이 아니라 가족 이벤트가 됩니다.

부모와 함께 있는 시간을 별로 즐기지 않는 아이라도 맛있는 음식을 먹으러 갈 때는 배고프니까 잘 따라갑니다. 아이들과의 외식은 아빠들의 인터뷰에서 최근 아이와 함께했던 가족활동 중 가장 즐거웠던 것으로 자주 언급되는 활동입니다. 별것 아닌 것으로 여겨져도 쉽게 할 수 있기 때문에 좋은 활동입니다. 외식할 때는 늘 다니던 식당만 가지 말고 함께 인터넷을 통해 맛집을 찾아가보는 것도 즐거운 경험입니다. 또 아이의 어떤 행동에 대한 보상으로 아이가 좋아하는 음식이나 식당을 찾아 함께 식사하는 것도 아이에게 보상이 됩니다. 아이와 아빠가 가장 한가한 시간이 토요일 혹은 일요일 오전이라면 이때 브런치를 즐기는 것도 좋습니다.

솔루션 둘, 소셜 네트워크 서비스(SNS) 적극 활용하기

얼굴 보기 힘들 정도로 바쁜 우리 아이들과 부모들에게는 스마트폰이 생겨 다행입니다. 카카오톡이나 문자로 서로 대화할 수 있으니 말입니다. 스마트폰에 지나치게 몰입하는 아이들이 있어서 걱정이지만, 스마트폰이 있어서 가능한 카카오톡, 인스타그램, 페이스북, 카카오스토리, 밴드 같은 소셜 네트워크 서비스는 바쁜 가족들, 떨떠름한 부모 자녀 간을 이어주는 가교 역할을 해줍니다.

학교 가기 싫다며 유난히 힘들어하는 아이의 뒷모습이 눈에 밟힐 때는 아이에게 "힘내라. 파이팅!"이라는 문자 하나 보내주는 것이 사랑입니다. 정신없이 바쁜 직장 일의 틈새에 아이에게서 온 졸린 얼굴 사진에 답장으로 웃긴 얼굴을 한 이모티콘 하나를 보내줍니다. 지난밤에 아이와 얼굴을 붉히고 안 좋은 소리가 오고 갔다면 더더욱 SNS를 활용해 아이에게 사과하면 됩니다. 얼굴을 보고 사과하는 것보다 훨씬 편하고 쉽습니다.

요즘 감사운동이 활발합니다. 일상적인 일에 감사하는 마음을 가지는 것이 행복에 이르는 지름길입니다. 가족카톡방을 만들어

서로 감사하는 메시지를 올리는 것도 좋습니다. "오늘 깨웠을 때 힘들었지만 벌떡 일어나 웃는 얼굴로 학교 가는 모습의 지우에게 감사합니다." 이런 메시지 말입니다. 감사가 건강에 미치는 효과에 대한 중요한 연구는 긍정심리학자인 마틴 셀리그만에 의해 이루어졌습니다. 주변 사람들에게 감사를 표현하며 찾아가거나 감사의 편지를 써보내거나 했습니다. 이런 간단한 감사의 행위가 그들의 행복점수를 상당히 올렸으며 동시에 우울점수를 상당히 저하시키는 결과를 가져왔습니다. 실험 결과 감사는 확실히 실험 참가자들의 삶의 질에 긍정적인 영향을 주는 것으로 밝혀졌습니다.

솔루션 셋, 틈새 시간 활용해 자녀와의 소통 늘리기

바쁜 생활 속에서 온전히 아무것에도 방해받지 않는 시간 한 조각을 찾기가 쉽지 않은 우리 아이들. 아이와 스쳐지나가는 틈새 시간을 활용해 아이와의 소통을 늘려봅니다. 장을 보거나 쇼핑을 가야 하는 일이 있을 때 아이를 데리고 나갑니다. 단순한 장보기가 아이와의 대화의 기회가 될 수 있습니다. 엄마가 장을 보러 가려고 할 때 아이와 함께 따라나서거나 아빠가 대신 장을 봐오겠다고 하고 아이와 함께 장을 보러 가는 것도 재미있는 이벤트가 될 수 있습니다. 물건을 고르기 위해 오가면서 이런저런 이야기하는 것, 그게 대화입니다.

　혹시 자가용이 있는 집이라면 자녀를 차로 데려다 주는 것도 좋습니다. 아이를 학교나 학원에 태워다 주는 일을 하면서 아이와 접촉점이 넓어지기 때문입니다. 부모에게 별 고마움을 못 느끼는 아이들도 운전을 해서 자기들에게 편의를 제공해주는 부모에게는 괜스레 고마운 마음이 듭니다. 요즘 청소년들은 많이 피곤해하고 일상을 힘들어합니다. 아이들이 어딘가를 오가는 것에 힘겨워하면 차로 아이를 태워다 줍니다. 그리고 "힘내."라고 격려 한마디 던지는 일. 그것만으로도 아빠의 사랑과 격려를 충분히 표현할 수 있습니다.

말주변 없는 부모들이 아이들과 같이 산책이나 운동을 하는 것도 소통하는 좋은 방법입니다. 자연과 햇빛을 만나는 외부 활동이나 신체 활동은 아이들과 아빠 모두의 정신건강에 매우 유익합니다. 인내심이 적은 아이들의 경우에는 걷기나 등산, 달리기 같은 인내심을 요구하는 활동보다 농구나 배드민턴, 탁구, 원반 던지기 같은 가급적 재미있는 운동을 같이 하는 것이 좋습니다. 다이어트를 하는 아이와 함께 줄넘기 대결을 펼쳐보는 것도 재미있습니다. 이런 신체 활동을 하면서 아이와 스킨십도 하고 대화도 하면 일석이조입니다.

게임을 좋아하는 아이들에게 게임 아이템을 하나 사주면서 관심을 기울여주는 것도 아이들과 소통하는 방법입니다. 자녀들과 보드게임 한 판도 좋습니다. 보드게임을 하다 보면 솔직한 성격이 나오기 마련입니다. 지기 싫어하는 아이, 쉽게 포기하는 아이,

잔꾀가 많고 머리가 좋은 아이, 어리숙하고 센스 없는 아이, 불안한 아이, 화를 통제하지 못하는 아이 등을 파악할 수 있어 유익합니다. 또 별로 대화거리가 없는 사람과도 한참동안 앉아서 게임을 통해 교류할 수 있습니다. 머리도 써야 하고 전략도 짜야 하는 나름 의미 있는 시간입니다. 세트, 뱅, 할리갈리, 흔들흔들, 해적선, 젝스님트 등의 보드게임으로 아이들과 하루 저녁 함께 놀아주세요.

시험 끝나는 날, 성적표 받아오는 날, 방학 시작하는 날, 개학하는 날, 수학여행 가는 날 등은 아이들에게 특별한 날입니다. 이런 날 부모님이 따로 챙겨주는 용돈은 특별합니다. 부모님이 내 기분을 알아주었다고 생각하니까 그렇습니다. 아이들 성향에 따라 혹은 나이에 따라 부모와 함께 있는 것을 즐기지 않는 아이들이 있습니다. 그런 아이들에게는 특별한 날에 용돈과 아이디어를 제공해줍니다. "축하한다. 오늘 방학식이네. 그동안 수고 많았다. 친구들이랑 재미난 시간 가지렴." 이런 문자와 함께 받아든 용돈은 그리 고마울 수가 없습니다.

양소영 원장의 마음 들여다보기

아이를 칭찬하고 격려해요. 아이에게 고맙다고 자주 표현해요. 아이의 굳은 마음을 두드리는 가장 쉽고 좋은 방법입니다. 아이에게 매일 한 번씩 칭찬이나 감사의 말 메시지를 보내면 어떨까요?

"아빠에게 문자를 다 보내주고 고맙다. 아빠랑 한 약속 지키려는 모습을 보니 대견하네."

이렇게 공부 못하면 앞으로 살아가기 힘들 거라는 말, 이렇게 생활해서는 밝은 미래가 없을 거라는 말, 아이들은 밖에서 이미 충분히 듣고 있습니다. 집에서는 그 반대의 말을 해주는 것이 낫습니다. "이렇게 공부가 다가 아니야. 일단 한번 해보자. 너무 걱정하지마. 길은 여러 가지가 있어. 아빠가 옆에 있잖아. 힘내라. 괜찮아. 다음 기회가 있잖아."

아이들은 말한 대로 다 실천하지는 못합니다. 그래도 아이들이 다짐을 말할 때의 마음만은 100% 믿어주는 것이 좋습니다. 예를 들어 "오늘부터 나 공부 열심히 해볼 거야."라는 말에 대해 두 가지 반응이 가능합니다. "맨날 결심만 하면 뭐하냐, 실천이 중요하지."는 맞는 말이지만 아이의 기를 꺾고 아이에 대한 부모의 불신을 드러내는 말입니다. "그래 좋은 결심이다. 오늘부터 또 한 번 해보자."가 아이를 믿어주는 말입니다. 아이는 자기 말의 실천 가능성을 정확하게 예측하면서 기를 꺾는 부모보다는, 자신의 결심을 믿어주는 부모가 더 필요합니다.

아이 스스로 계획하고 실천할 수 있도록 이끌어주세요.

당장 스스로 해내지 못하더라도

격려해주고 지켜봐줍니다.

여러 번 어려움을 직접 경험하고 극복함으로써

아이는 자신감을 가질 수 있습니다.

이런 과정을 반복해서 체험하면서

어려워도 금방 포기하지 않은 아이로 성장합니다.

경제 관념이 없는 우리 아이: 경험을 통해 교육하기

편식을 심하게 하는 우리 아이: 가족의 식습관 점검하기

게임과 인터넷에 중독된 우리 아이: 욕구를 전환시켜 중독 벗어나기

유튜브와 스마트폰에 빠진 우리 아이: 사용 규칙 만들어주기

자위행위를 하는 우리 아이: 놀이로 관심 분산시키기

4장

상처 주지 않고
우리 아이
생활습관 바로잡기

경제 관념이
없는
우리 아이

경험을 통해 교육하기

남매가 둘 다 돈을 함부로 사용하는 것 같아요. 첫째 아이는 용돈을 주면 한꺼번에 다 써버려요. 그런 다음 자꾸 이것저것 사달라고 졸라요. 비싼 거를 사줘도 그때뿐이고 금세 싫증을 내곤 해요. 집 안일을 도우면 용돈을 준다고 했더니, 이제는 뭐만 하면 꼭 돈을 달라고 해요. 식탁 치웠으니까 돈 달라고 하고, 신발 정리했으니까 돈 달라고 하고… 눈만 뜨면 이거 했으니까 돈 달라고 하면서 모든 일에 금전적인 보상을 기대해요. 둘째 아이는 겨울왕국 스티커북 이나 장난감 팔찌 세트를 볼 때마다 습관적으로 사달라고 해요. 집에 있는데도 자꾸만 사달라고 해요. 어떡해야 하나요?

경제 교육, 도대체
어떻게 해야 하나요?

아이들은 아주 어릴 때부터 여러 기능들이 발달해 있어서 관찰과 경험을 통해 학습합니다. 따라서 경제 교육은 어릴 때부터 관심을 가지고 시작하는 것이 좋습니다. 가장 좋은 시기는 3세 이상입니다. 이 시기의 아이들은 사물을 인지하고 판단하며, 돈의 액수를 구분할 수 있습니다. 아직 어리다고 생각할 수 있지만 연령이 낮을수록 경험을 통한 배움의 효과는 훨씬 큽니다.

가장 기본이 되는 교육은 가정 경제 교육입니다. 이 시기의 아이들은 경제 개념에 대한 설명보다는 생활 속에서 일어나는 경제적 상황을 통해 경제에 대한 기본 태도를 갖추는 것이 좋습니다. 이때 부모가 경제 교육의 중심이 되어야 합니다.

처음에는 경제 활동과 관련된 초기 개념들을 바르게 형성하는 것이 중요합니다. 경제 생활 태도가 처음부터 잘못 형성되면 앞으로 경제 지식이나 기술을 배우는 과정에서 올바른 경제 활동을 하기 어렵습니다. 예를 들어 아이들에게 "세뱃돈 얼마 벌었니?"라고 말하곤 하는데, '번다'는 말은 다른 사람을 위해 재화나 서비스를 제공하고 계약한 돈을 얻는다는 의미입니다. 세배는 고용이나 계약이 아니니까 버는 것이 아니지요.

길가에 떨어진 동전을 주우려는 아이에게 "에이, 줍지 마! 10원짜리잖아."라고 말한 적은 없나요? 적은 액수의 돈에 대해서 소홀히 생각하는 어른들이 있습니다. 이런 행동을 보면서 아이들은 동전은 '가치가 없다'는 생각을 갖게 되지요. 하지만 아무리 적은 금액도 당연한 가치가 있습니다. 10원이 모자라면 100만 원짜리도 살 수 없듯이 말이지요.

먼저 아이에게
경제 개념을 정립해주세요

초등학교 저학년 시기에는 용돈으로 아이에게 경제 개념을 정립해주세요. 돈에 대한 책임과 선택의 결과를 스스로 받아들이게 하는 과정입니다. 자신이 가진 돈의 가치를 알고 관리할 필요성을 느끼게 해야 합니다. 그래야 정해진 용돈으로 무엇을 사고 무엇을 먹을지 생각하고 결정하게 되지요. 그뿐만 아니라 관리하는 과정에서 자신의 물건을 오래 쓰는 것이 어떤 의미인지도 생각하게 됩니다. 이런 과정을 통해서 아이들 스스로 통제하는 능력 또한 길러집니다.

초등학교 고학년에서 중학교 시기는 사춘기 소비자라고 할 수 있습니다. 이 시기 아이들은 시간 개념과 미래 지향적·목표 지향적 사고, 체계적인 의사 결정이 가능합니다. 구매 의사 결정력도 향상되어 독립적인 소비 의사 결정을 하고 싶어 하지요. 그러나 아직은 소비 지식과 경험이 부족해서 상품의 효용가치를 바르게 파악하지 못하는 불안정한 의사 결정자이기도 합니다.

청소년들은 친구들과 어울리면서 과시소비, 모방소비, 충동구매 같은 비합리적인 소비 태도를 갖는 경우가 많습니다. 소득은 없지만 자아를 표출하려고 구매하는 경향이 강합니다. 인터넷 구매를 많이 하며, 적극적으로 정보 탐색 활동을 하기보다는 충동적이고 감각적으로 소비합니다. 따라서 지시하기보다는 부모의 생각을 차분히 말해주는 것이 좋습니다. 부모가 자신의 소비 생활을 방해하는 사람이 아니라, 자신을 존중해주는 긍정적인 조언자라는 점을 인지시켜주세요.

경제 관념이 없는 우리 아이, 어떻게 할까요?

솔루션 하나, 용돈을 관리하는 재미를 느끼게 해주세요

먼저 지갑을 선물해주세요. 이때 지갑에는 적당한 돈만을 넣어 다녀야 한다는 것을 이야기해줍니다. 그 외의 돈은 돈을 두는 상자와 장소를 정해서 넣어두도록 합니다. 얼마 이상의 돈이 모이면 저축 통장에 넣는 것도 좋은 방법이지요.

그리고 용돈 계약서를 함께 작성하고 규칙을 잘 지킬 수 있도록 지도해주세요. 자신이 잃어버린 돈이나 물건, 혹은 잘못한 부분은 책임을 지도록 합니다. 이때 아이의 돈은 아이의 돈이고, 부모의 돈은 부모의 돈입니다. 아이가 용돈을 모아서 부모에게 선물을 했을 때는 아이의 선물에 우선 감사를 표현해주세요. 그리고 아이의 눈으로 함께 선물을 보면서 어떤 점이 좋고 어떤 디자인이 예쁜지, 품질은 어떤지 비교해봅니다. 이 과정에서 아이는 부모가 무엇을 좋아하는지 알 수 있고, 상품을 비교하고 구매하는 과정을 경험할 수 있습니다.

솔루션 둘, 아이의 선택을 기다려주세요

부모가 아닌 친구들과 옷을 고르려고 하는 모습은 아이가 독립된 의사 결정자가 되어가는 과정이므로 걱정할 필요가 없습니다. 자신이 가진 자원(현금)의 범위 내에서 가장 만족할 만한 선택을 하려고 하는 셈이지요. 물론 어른보다 합리적인 소비 능력이 부족하기 때문에 만족스러운 구매를 하지 못할 수도 있습니다. 하지만 실패를 통해 배우게 됩니다.

왜 구매를 하려고 하는지, 컬러나 디자인 등이 지금 가지고 있는 옷들과 겹치지 않는지, 이번에 사려고 하는 옷을 이미 갖고 있는 옷들과 어떻게 매치할 것인지, 얼마의 가격대에서 구매할지 선택에 대한 자율권을 허락하기 전에 이번 구매에 대해 이야기를 나눠보세요. 작은 실패는 앞으로 구매 기술을 향상시키는 투자가 될 수 있습니다. 중요한 것은 충분히 고민하고 선택하는 것입니다. 자원이 한정되어 있으므로 구매 목적이 달성되지 못하면 다음 기회까지 기다리는 등 그 결과에 대한 책임을 질 수 있도록 합니다.

🎓 양소영 원장의 마음 들여다보기

용돈은 그냥 생기는 것이 아니라 노동을 통해서 생긴다는 것을 알려주는 것이 좋습니다. 하지만 어린 자녀들에게 쉽게 와 닿지 않을 수 있기에 말로 설명해주기보다는 실전 교육으로 알려주면 아이가 빠르게 이해할 수 있습니다. 먼저 부모가 어떻게 노력해서 돈을 벌고 용돈을 주는지를 보여주세요. 직장인인 부모라면 주말을 이용해 사무실에 데려가 일을 하는 모습을 보여주면서 이런저런 일을 돕게 하는 것입니다. 장사하는 부모라면 자주 일을 거들게 만드는 것이 좋습니다. 부모가 힘들게 돈을 번다는 것을 눈으로 보고 가슴으로 느끼면 용돈을 대하는 태도도 달라집니다.

정기적으로 열리는 벼룩시장(플리마켓)에서 물건을 파는 체험을 해봅니다. 이때 부모의 역할이 중요합니다. 물건(재화)에 대한 사람들의 반응이나 판매 가격 책정, 경쟁 상황 등 작은 시장에서 벌어지는 경제활동을 제대로 보고 느낄 수 있도록 곁에서 설명해주고 토론하며 도와야 합니다. 만일 여기에서 이익이 발생할 경우 이익금을 어떻게 배분할 것인지에 대해서도 부모와 자녀가 함께 논의해 결정하는 것이 바람직합니다.

초등학교 저학년이라면 '가장 싼 상품은 얼마이고 가장 비싼 것은 얼마인지'를 확인할 수 있게 유도해봅니다. 물건을 살 때 가격을 잘 확인해서 불필요하게 돈이 더 많이 나가지 않게 하는 부모의 모습이 자녀에게는 소비와 낭비를 구분할 수 있게 해주는 좋은 교육자료입니다. 자녀와 함께 마트에서 장을 볼 때 꼼꼼하게 가격 비교하는 모습이나, 혹시 그렇지 않다면 인터넷 쇼핑을 할 때 가격 비교하는 모습을 보여줍니다.

용돈 지급 주기는 일 단위에서 시작해 주 단위, 월 단위로 늘어나는 방식이 효율적입니다. 아이가 주어진 용돈을 제대로 관리하고 있을 때 다음 단계로 넘어가면 됩니다. 용돈 지급일 한참 전에 돈이 떨어져 쩔쩔매곤 했다면 지급 주기를 유지하거나 오히려 더 짧게 끊어야 합니다. 용돈을 지급할 때는 반드시 정해진 날짜에 현금으로 지급하거나 자녀 명의의 통장에 입금해야 합니다. 현금으로 주면 지출을 할 때마다 돈이 줄어드는 게 눈에 보이기 때문에 숫자로 기록되는 통장보다 직접적인 효과가 있습니다.

편식을
심하게 하는
우리 아이

우리 아이가 특정음식의 맛과 감촉, 냄새, 모양에 예민하게 반응해 그 음식을 먹지 않으려고 해요. 식탁에 앉아 밥 먹기에 집중하기보다는 장난을 치기 십상이고, TV 시청에 푹 빠져 음식을 쳐다보지도 않아요. 또 아이가 라면만 좋아해서 고민이에요. 방학이면 끼니때마다 라면을 찾아요. 맛있는 반찬을 만들어서 밥상을 잘 차려줘도 라면을 먹겠다고 해요. 일부러 라면을 사다놓지 않았더니 아예 굶어버리더라고요. 편식은 어떻게 고칠 수 있을까요?

가족의 식습관을
먼저 점검해보세요

편식은 음식을 골고루 씹어 삼키는 대신 뱉어버리거나 토하는 등 음식에 대한 호불호가 분명한 상태를 말합니다. 유아기부터 올바른 식습관을 형성하도록 도와주어야 편식하는 아이로 성장하지 않습니다. 편식을 하는 아이는 영양분의 고른 섭취가 어려워 병약해지고, 뇌 발달 및 성격 형성에도 좋지 않은 영향을 미칩니다. 만약 아이가 편식을 한다면 정확한 이유를 알아보고 잘못된 습관을 바로잡도록 도와주어야 합니다.

보통 부모의 식습관을 따라 아이들의 입맛이 길들여집니다. 짜게 먹는 부모에게서 짜게 먹는 식습관을, 매운 걸 좋아하는 부모를 보며 맵게 먹는 식습관을 갖게 되지요. 혹시 부모 스스로 인스턴트 식품을 즐겨 먹는 식습관이 있는지 점검이 필요합니다.

인스턴트식품이 좋지 않다는 것은 잘 알지만 밥상을 차리는 게 귀찮거나 끼니를 놓쳐서 등 여러 가지 이유로 인스턴트식품에 손이 가게 됩니다. '가끔이니까 괜찮겠지.'라고 생각하지만 점점 맛에 빠지게 되고 습관으로 자리 잡기 쉽습니다. 지속적인 인스턴트식품 섭취는 영양 불균형을 초래해 비만과 두뇌 발달 저하를 불러올 수 있습니다. 아이의 건강한 성장을 위해서 라면만 먹는 식습관은 반드시 바로잡아야 합니다.

식습관을 바로잡기 전 엄마의 스트레스를 먼저 점검해볼 필요가 있습니다. 힘들고 피곤할 땐 한 끼쯤은 인스턴트식품을 먹거나 외식이나 배달 음식으로 대체할 수 있습니다. 하지만 주기적으로 이런 상황이 반복된다면 엄마의 스트레스를 점검해봐야 합니다. 특히 세상만사가 다 귀찮아 아무것도 하기 싫고 우울한 감정까지 느껴진다면 적극적으로 스트레스를 해소하도록 노력해야 합니다.

편식하는 아이의
심리는 무엇일까요?

아이는 왜 편식을 하는 것일까요? 첫째, 심리적으로 스트레스를 받는 상황일 수 있습니다. 아이가 화가 나 있는지, 걱정이 있는지 세심하게 살펴봐야 합니다. 이는 아이와 대화를 통해서 알아볼 수 있습니다.

둘째, 부모가 아이에 대한 사랑과 애정의 표현이 부족하다고 느낄 때 아이는 편식을 통해 관심을 받고 싶은 마음을 표현하기도 합니다. 아이와 함께하는 시간을 TV나 동영상 시청하기, 장난감 쥐어주기 등으로 대체하는 것은 바람직하지 않습니다.

셋째, 부모를 포함해 양육자의 성향이 완벽주의이거나 권위적인 면이 강하지 않은지 돌아봐야 합니다. 아이가 부모로부터 간섭을 덜 받고 싶은 마음, 혹은 자신의 독립성을 주장하고 싶어서 편식을 하는 경우도 있습니다.

그럼 무조건 골고루 먹여야 할까요, 아니면 적당한 편식은 용인해야 할까요? 너그러운 마음으로 유연하게 대처하는 부모의 자세가 필요합니다. 음식을 억지로 권하지 말고 아이 스스로 음식을 보면 먹고 싶은 마음이 생기도록 시간을 주는 것이 좋습니다. 빨리 먹으라고, 왜 먹지 않느냐고 소리치거나 억지로 먹이려고 하면 편식은 더욱 심해집니다.

편식하는 우리 아이, 어떻게 할까요?

솔루션 하나, 음식을 먹는 즐거움을 함께 느껴요

음식을 먹는 것에 대한 즐거움을 느끼도록 도와주세요. 부모가 냠냠 짭짭 맛있게 먹는 모습을 보여주거나 요리 놀이를 하거나 실제 요리를 할 때 서툴더라도 함께하면서 음식에 대한 친근함을 느낄 기회를 주세요. 처음부터 모든 음식을 골고루 먹도록 독려하기보다는 선호하는 음식을 즐겁게 먹으며 가짓수를 늘리는 방법으로 아이의 단계에 맞춰가야 합니다.

아이의 성향이 예민할 경우 처음 먹는 음식에 대한 거부 반응이

나타날 수 있습니다. 또는 먹으려는 음식의 맛이나 냄새, 혀에 닿았을 때의 느낌이 새로울 경우에도 민감하게 반응할 수 있지요. 식사를 할 때 아이의 취향을 세심하게 관찰하고 고려해주세요.

솔루션 둘, 함께하는 식사 자리를 만들어주세요

끼니를 놓치거나 혼자 밥을 먹게 되면 간단하게 조리할 수 있는 인스턴트식품으로 손이 가기 마련입니다. 하루에 한 번은 식탁에서 가족이 도란도란 이야기하며 식사하는 문화를 만들어야 합니다. 즐겁게 맛있는 음식을 먹는 경험을 통해 바른 식습관으로 바꿀 수 있습니다.

다른 식사 시간에도 가급적 혼자보다는 또래 친구나 다른 사람들과 어울려 함께 먹는 자리를 만들어주세요. 다른 사람들의 올바른 식습관을 자연스레 배울 수 있고, 즐거운 식탁문화를 경험하는 좋은 기회가 됩니다.

양소영 원장의 마음 들여다보기

식사 시간은 음식을 먹는 시간일 뿐 아니라 가족이 함께하는 시간입니다. 먹는 것의 즐거움을 알게 되면 서서히 음식에 대한 두려움을 잊어갈 것입니다. 아이를 채근하기보다는 아이의 마음이 편해질 때까지 기다려주세요. 다양한 음식을 처음부터 먹이는 게 쉽지 않다면 아이가 좋아하는 것부터 조금씩 먹여보세요. 씹는 즐거움과 먹는 재미를 알려주세요.

식사 시간에 아이와 대화하세요. 아이가 아직 말이 서툴러도 아이에게 "맛있어?" "저녁에 아빠랑 맛있는 거 먹을까?" 미소 띤 얼굴로 말을 걸어주세요. 아이는 같이 있는 것만으로도 부모의 눈빛과 목소리에 집중하고 열심히 대화에 동참하고 있답니다. 아이의 식습관 형성 이전에 올바른 애착 형성에 큰 영향을 줍니다.

아이의 호기심을 자극하는 것들을 없애주세요. 아이의 관심을 끌 만한 모든 전자제품의 전원을 꺼주세요. 부모와 아이가 마주 볼 수 있게 앉아서 눈을 맞추고 대화하면서 식사하는 것이 아이의 집중도를 높일 수 있습니다. 식사 시간은 30분 이상을 넘기지 않도록 합니다. 밥을 다 못 먹어도 정해진 시간이 지나면 밥상을 치우고, 밥을 덜 먹었다고 간식을 더 주지 마세요.

아이가 적게 먹는다고 혼내고, 많이 먹는다고 칭찬하면 아이는 먹는 것 자체에 부담을 느끼게 됩니다. 아이와 식재료로 요리 놀이를 즐겨보세요. 다양한 색깔의 음식 재료들을 엄마와 함께 만져보고, 냄새도 맡아봅니다. 놀이로 자연스럽게 식재료에 대한 거부감이 줄어들면 먹이기를 시도해보세요.

게임과
인터넷에 중독된
우리 아이

욕구를 전환시켜 중독 벗어나기

아이가 게임에만 푹 빠져 있어요. 아침에 눈 뜨면 게임하고, 하루 종일 스마트폰을 손에서 놓는 법이 없어요. 잠도 잘 안 자고 게임을 늦게까지 하곤 해요. 못 하게 해도 도무지 말을 듣지 않네요. 게임을 억지로 못 하게 하면 아이가 기운 없이 축 늘어져 있고 짜증만 내고 아무것도 하지 않아요. 안쓰러워서 게임을 하게 해주면 게임만 하고… 스스로 절제가 안 되는 것 같아요. 이러다 게임과 현실을 구분하지 못할 정도로 심각해지는 건 아닌지 걱정됩니다. 게임을 하기 위해서 사는 것 같은 우리 아이, 어떻게 해야 하나요?

우리 아이 게임 중독,
원인은 따로 있어요

사람은 성장하면서 0~6세까지 비언어적인 기능(눈짓·몸짓 등)을 담당하는 우뇌가 먼저 발달합니다. 그런데 이 시기에 게임과 같은 반복적인 자극에 장시간 노출될 경우, 우뇌가 아닌 좌뇌만 활발히 쓰게 됩니다. 이런 뇌의 불균형은 초기에는 주의가 산만하거나 또래보다 말이 늦는 등의 증상으로 나타나지만, 심해지면 ADHD(주의력결핍 과잉행동장애)나 틱 장애, 발달 장애 등으로 이어질 수 있습니다. 팝콘이 터지듯 크고 강렬한 자극에만 뇌가 반응하는 현상, 이른바 '팝콘 브레인' 현상도 일어날 수 있습니다. 또 움직이기보다 앉아서 스마트폰을 조작하는 것에 익숙해지기 때문에 유아의 신체 발달과 운동 기능이 저하될 수도 있습니다. 아이의 인내심이나 자조행동, 시력 발달에도 문제가 생길 수 있습니다. 그렇기 때문에 게임 과의존에 빠지기 전에 올바른 지도가 필요합니다.

　게임에 빠지면 학교 성적이 떨어지는 것은 물론이고, 사람들과 어울리는 시간이 줄면서 사회성에도 문제가 생깁니다. 나중에는 금단 증상 때문에 헤어나기도 어렵습니다. 무작정 못하게 한다고 해결될까요? 아닙니다. 게임에 빠지는 아이들에게는 나름의 이유가 있기 때문입니다.

　게임 중독으로 상담을 받으러 오는 아이들을 살펴보면 자존감이 낮거나 학교생활에 문제가 있는 경우가 많습니다. 또한 대부분 약하거나 중증 정도의 우울증을 앓고 있습니다. 게임에 빠지기 전 이미 심리적·정신적으로 불안을 겪고 있었다는 이야기입니다. 아이들은 이런 어려움을 게임을 통해 보상받으려 하기에, 중독 증상은 우울증을 줄이려는 노력이라고 할 수 있습니다. 일반적으로 이러한 아이들은 각성이 떨어진 상태인데, 게임을 하면 반대로 과다하게 각성되면서 자신이 유능하다는 느낌을 받습니다. 아이들은 무기력에서 벗어나려고 또다시 게임을 하는 악순환에 빠지는 것입니다.

친구나 부모와의 관계를 비롯한 대인관계에 문제가 있는 경우도 많습니다. 이런 경우 인터넷상에서 친구를 사귀어 정서적인 지지나 위로를 받음으로써 현실에서의 외로움이나 대인관계의 불편함을 해소하기도 합니다. 또한 익명성 뒤에 숨어 자신의 억압된 감정을 마음대로 표출할 수 있고, 자신의 캐릭터를 마치 현실의 모습인양 꾸밈으로써 욕구를 충족할 수 있습니다. 게임은 대인관계에서도 문제를 유발합니다.

당사자는 과다 사용으로 비롯된 부정적인 결과를 인정하지 않습니다. 부모나 주변 사람들로부터 게임을 중단하거나 줄이라는 요구를 받으면 심하게 화를 내는 경우가 많습니다. 수업 시간에 집중하지 못하고, 학업 성적이 떨어지며, 지각 및 결석이 잦아지고, 심한 경우에는 등교를 거부하는 등 학교생활에도 문제를 겪습니다.

짜증이 늘고 신경질적이며 충동적으로 변하기도 하고, 특히 어른들에게 반항적인 성향을 보이기도 합니다.

아이에게 신뢰와
기대를 보여주세요

아이가 게임을 지나치게 좋아한다면 분명히 이유가 있습니다. 그 이유를 찾아 욕구를 전환시켜주면 중독에서 벗어날 수 있습니다. 부모와의 관계가 문제라면 대화를 통해 긍정적인 관계와 신뢰를 회복하는 것이 첫걸음입니다.

컴퓨터 속도가 느리다고 불평하거나, 컴퓨터를 자기 방으로 옮겨달라고 하거나, 형제 혹은 다른 가족과 컴퓨터 사용을 놓고 싸운다면 중독 초기로 볼 수 있습니다. 이때 가족의 도움이 필요합니다. "너는 게임 중독이야."라고 낙인 찍는 것은 오히려 아이의 중독 행동을 정당화할 수 있으므로 가능한 한 피하고, 아이에 대한 신뢰와 기대를 보여줘야 합니다.

아이들은 흔히 컴퓨터를 놀이기기와 동일시합니다. 컴퓨터를 오락기로 인식하는 것입니다. 따라서 컴퓨터는 정보의 도서관이자 생활 도구, 문화 도구라는 인식의 전환이 필요합니다. 아이와 함께 컴퓨터로 자료를 검색하거나 도서관 정보 등을 찾아보면서 컴퓨터의 사용 목적을 정확하게 알려주세요. 인터넷 사용 수칙을 정해 지키게 하는 것도 바람직합니다. '인터넷 휴(休)요일' 같은 프로그램이 효과적인데, 일주일에 하루는 인터넷을 사용하지 않는 날로 정해 실천하도록 하는 것입니다. 자율적으로 요일을 선택하기 때문에 스스로 경각심을 가지고 인터넷 중독을 예방할 수 있고, 부모는 아이의 자율성을 존중해줄 수 있기 때문에 모두에게 효과적입니다. 아이가 인터넷 사용을 잘 조절하면 칭찬도 아낌없이 해줍니다.

게임 중독으로 인해 좌절감과 무력감에 빠진 아이에게는 현실적이고 구체적인 계획을 세우고 꿈을 가질 수 있도록 동기 부여를 해줘야 합니다. 컴퓨터 앞에서 식사를 하고 밤새도록 게임을 하다 보면 중독의 악순환 고리가 더욱 강해지므로, 친구들과 오프라인에서 만나 놀 수 있는 환경을 만들어줍니다. 특별활동, 학예, 운동, 취미, 클럽활동 등도 추천합니다. 게임 중독이 심한 아이들은 차츰 학교에 가지 않으려 하고 일체의 사회활동이 줄어들면서 선생님, 친구, 가족과의 관계가 멀어지고, 결국은 고립될 수 있기 때문입니다.

게임 중독인 우리 아이,
어떻게 할까요?

솔루션 하나, 다양한 활동을 스스로 하게 하세요

어릴 때부터 집안일 돕기, 자기 물건 정리하기, 수영, 공놀이, 등산 등의 활동을 하게 하는 것이 좋습니다. 이런 활동을 통해 아이들은 부모의 도움에 의지하지 않고 자기 일을 스스로 하는 통제력을 기르게 됩니다. 몸은 고단할 수 있지만 그동안 대뇌는 오히려 긴장을 풀고 휴식을 취합니다. 따라서 땀을 흘리고 운동하고 나면 두뇌 회전이 잘 되고 집중력도 향상됩니다.

솔루션 둘, 가족간의 유대감을 회복하세요

사람은 관계 속에서 유대감을 얻지 못하면 이 욕구를 다른 것으로 채우고 싶어합니다. 다른 것에 속하는 게 인터넷과 게임입니다. 그러나 매체에 의존하게 되면 욕구가 충족되는 것이 아니라 외로움이 더 깊어집니다. 매체에 의존하는 과정을 반복하다 보면 사람과의 관계에서 정서적인 교감을 나눌 기회가 적어집니다. 유아기에 일찍 매체를 접할수록 뇌 기능이 손상될 가능성도 높아집니다.

  사람과의 관계에서 유대감을 경험할 기회를 반복적으로 갖는 연습이 필요합니다. 집에서 할 수 있는 신체 놀이로 동물 놀이가 있습니다. 아빠 엄마와 아이가 함께 엎드리거나 누워서 코끼리, 곰,

말 등이 되기도 하고, 태우거나 함께 달리기도 하고 움직이기도 하면서 동물 역할을 합니다. 보물찾기 놀이도 좋습니다. "오늘은 어디에 보물이 있을까?" 함께 찾아보고 힌트도 주면서 성취감을 경험합니다. 블록 놀이, 미로 찾기, 보드게임 등을 함께하면서 부모의 행동, 표현 언어를 통해서 서로 주고받는 반응적 상호작용을 보여주세요. 이렇게 매체가 아닌 언어와 행동으로 생각과 마음을 교감하게 되면, 매체에 대한 의존도가 줄어듭니다.

 양소영 원장의 마음 들여다보기

뇌는 어떤 시기에 특정 부분이 발달합니다. 6세 이전 유아기에는 본능을 조절하고 사회적인 공감을 습득하는 뇌의 기능이 발달하는데 아이가 엄마보다 컴퓨터와 상호작용을 많이 하다 보면 뇌의 구조가 달라집니다. 아이들이 게임에 왜 그렇게 몰두할까를 생각해보세요. 성취를 하는 것이 우리 뇌에 보상 회로를 자극하기 때문입니다. 어떤 자극보다 몰입하게 되고 즐거움을 느끼게 됩니다. 게임을 원리를 일상에 적용해보세요. 일을 쉽고 재미있게 할 수 있답니다. 게임 자체는 재미뿐만 아니라 도전 정신을 고취시키는 맥락을 제공하는 순기능이 있기도 합니다.

사람과 사람 사이 상호작용을 하는 데 있어서 '육감'이라는 게 있어요. 그런데 아이들이 컴퓨터 앞에만 있으면 감각이란 걸 제대로 느끼기 어려워지죠. 여기서 문제가 생깁니다. '감각'은 면대면 상호작용을 통해 형성되는 겁니다. 같은 내용이라도 SNS를 통해서 이야기를 나누는 것과 직접 대화를 나누는 것은 차이가 있어요. 아직 완성되지 않아 발달하고 있는 유아기 뇌는 잘 사용하지 않는 부분의 신경세포를 지워버립니다. 전문가들이 어린아이들에게 IT기기 사용 자체를 금지하는 이유가 바로 이 때문이에요. 특히 게임은 열심히 했을 때 성취나 즐거움이 있기 때문에 중독성이 있고 오래 노출되면 뇌 발달에 치명적입니다. 사회성이 부족해 어울리지 못하고 집중력이 없는 사람으로 자라기도 합니다. 게임 사용량이 과다해지면 아이는 비만, 수면 부족, 우울, 불안, 주의력 결핍, 공격성의 증가율이 높아집니다.

자! 지금 바로 우리 아이가 일상의 리듬이 깨어졌는지 확인해볼까요? 아침에 잘 일어나고 밤에 잘 자고, 밥도 제시간에 잘 챙겨 먹고, 학교에 잘 가고 학원에 잘 다니고 있는지, 엄마 아빠와 대화를 자주 하고 있는지, 친구들과도 자주 어울리는지, 일상생활을 체크해주세요. 아이 스스로 자신이 해야 하는 일들을 잘 해내려고 하는지도 살펴봐주세요. 스마트폰 구입을 최대한 늦추고, 필요하다면 유아기부터 적절한 사용법을 알려주세요. 스마트폰 사용 시에는 자녀의 인터넷 사용기록을 부모 폰으로 전송해주는 앱을 활용합니다.

유튜브와
스마트폰에 빠진
우리 아이

사용 규칙 만들어주기

아이가 어릴 때부터 유튜브는 보여주곤 했어요. 집안일하거나, 밥 먹이거나, 차에서 운전할 때, 식당이나 카페 등에서 조용히 있게 하려고 말이에요. 아이에게 보여주고 싶지 않지만, 그거라도 없으면 계속 보채는 아이 때문에 어쩔 수 없이 꺼내게 되었어요. 그게 지금까지 이어졌네요. 요즘에는 지나치다 싶을 정도로 너무 오래 스마트폰에 빠져 지내는 것 같아요. 밥 먹을 때, 숙제할 때, 잠들 때까지 수시로 들여다보면서 정작 숙제는 느릿느릿 겨우 해가고 학습지는 며칠씩 미루는 경우가 많답니다. 공부하겠다고 자기 방에 들어가서도 계속 스마트폰을 하고 있어서 "이제 그만해야지." 하면 "지금까지 공부하다가 방금 시작했어요." "내일 준비물 때문

에 지금 친구랑 카톡 중이에요." 등 거짓말을 하거나 "왜 자꾸 의심해요?"라면서 짜증을 냅니다.

아이가 하루 종일 스마트폰을 만지면서 보내는 것 같아요. 학교 다닐 때는 어느 정도 통제가 됐는데 방학이 되니 속수무책이네요. 그만하라고 하면 정해진 분량의 공부를 다 했으니 놀겠다는 답이 돌아와요. 이렇게 내버려둬도 될까요?

유튜브와 스마트폰,
무조건 금지해야 하나요?

아동의 언어 발달에는 쌍방향 의사소통이 필수적입니다. 하지만 스마트기기를 통한 동영상 시청은 한방향 소통이기 때문에 언어 발달에 필요한 자극이 부족합니다. 일부 부모들은 아이가 스마트폰으로 학습 동영상을 보면서 언어적 발달이 이루어지기를 기대하기도 하지만 결과는 '반대'입니다. 특히 6세 미만의 아이들이 스마트폰의 동영상, 게임 등의 일방적이고 반복적인 자극에 장시간 노출되면 좌우 뇌 균형이 깨지기 쉽습니다. 즉 팝콘 브레인이 만들어지는 영유아 스마트폰증후군이 생길 수도 있습니다.

최근 스마트폰 사용 연령대가 낮아지면서 초등학생은 물론 영유아들까지 스마트폰 중독이 문제되고 있습니다. 전문가들은 스마트폰 혹은 컴퓨터를 하루 3~5시간 이상 꾸준히 하면 IT기기 중독 고 위험군으로 보고 있지요.

학기 중에는 스마트폰 사용을 통제하다가 방학 중에는 실컷 하라는 마음으로 무제한 허용해주는 부모들이 있는데, 이로 인해 중독이 될 수 있다는 것을 염두에 두어야 합니다. 만약 아이가 하루 3~5시간 이상 꾸준히 스마트폰을 사용해왔다면 좀 더 조심스럽게 접근할 필요가 있습니다. 갑자기 스마트폰을 빼앗거나 없애버리면 오히려 금단 증세가 나타날 수 있기 때문이지요. 사용 시간을 서서히 줄이는 것으로 시작합니다. 스마트폰은 최소한의 시간으로 사용하되, 한번에 장시간 사용하는 것보다는 하루 1~2시간으로 제한하고 시간 간격을 두고 나누어서 사용하는 것이 바람직합니다.

스마트폰의 과다 사용으로 인해 건강상의 문제를 호소하는 경우도 있습니다. 눈의 피로, 손목과 손가락의 통증, 목과 어깨 결림, 두통 등의 신체 문제를 호소하고 있으며, 이러한 신체 통증이 일상생활에 영향을 끼치기 때문이지요. 장기간 스마트폰에 노출되면 뇌가 적절한 시간 동안 쉬지 못해 피로감이 증가하고, 이로 인한 집중곤란, 만성피로, 수면부족, 짜증과 충동적인 반응, 사회에 대한 반항과 불복종을 일으키게 됩니다.

또한 이런 상태가 오랜 기간 지속되면 실생활에서 사람들과 접촉하는 시간이 감소함에 따라 사회성이 결여될 가능성도 있습니다. 휴식 시간에 따로 스마트폰을 하면서 휴식을 취하던 사람들이

같이 모여서 휴식 시간을 가졌더니 회사 분위기가 좋아졌다는 일
례를 볼 때 스마트폰이 일상 속에서 대화의 기회를 뺏고 있다는 사
실을 단적으로 알 수 있습니다.

이렇게 스마트폰에 오랜 시간 몰두하면 스마트폰을 사용하지 않
을 때 소위 금단 증상이 나타납니다. 불안감, 스마트폰과 사용과
관련된 강박적인 사고, 스마트폰과 관련된 환상 및 꿈 등이 그 예
입니다. 이 같은 초조감과 금단 증상은 나아가 스마트폰 중독 증상
을 더욱 심화시킵니다. 이런 증상들이 지속되면 일상생활 중 필요
한 일을 하지 못하게 되고 그럼에도 불구하고 계속해서 스마트폰
에 몰두하는 악순환을 반복하게 되는 것이지요.

스마트폰 중독을 예방하거나 치료하기 위한 가장 효과적인 방법
은 가족관계와 친구관계 증진입니다. 대인관계가 부족한 사람들은
스마트폰 중독에 빠질 수 있는 고위험군이지요. 즉 친구가 적은 사
람, 우울한 사람, 판단력이 떨어지고 의존적인 사람, 취미가 다양
하지 못한 사람 등은 스마트폰 중독에 빠질 수 있는 고위험군이라
고 할 수 있습니다.

스마트폰에 빠진
아이의 심리

아동 청소년기에는 여러 가지 신경세포 발달이 이루어져야 합니다. 하지만 스마트폰이 주는 강한 시각적·청각적 자극에만 노출되다 보면 일상의 자극은 굉장히 시시하거나 밋밋하게 느껴집니다. 스마트폰 중독을 예방하기 위해서는 아이의 생활습관 개선과 더불어 부모의 스마트폰 사용 금지 등 적극적인 육아 참여와 노력이 필요합니다.

타인에게 공감하려면 시간을 들여 하나에 집중할 수 있는 사고 능력이 필요한데, 스마트폰은 아이들이 고요하게 생각하며 깊이 있는 사고를 할 수 없게 방해합니다. 방금 들은 전화번호를 외우는 것과 같은 '단기기억'이 어떤 현상의 원리 등을 파악하는 '장기기억'으로 넘어가려면 이처럼 체계적으로 분류하고 사고하는 과정이 필요합니다. 그런데 스마트폰은 단기기억만을 과도하게 사용하도록 요구합니다. 지식이 장기기억으로 전환될 틈을 주지 않는 것이지요. 이는 결국 학업 성적 저하, 타인에 대한 공감 능력 감소로 이어집니다.

스마트폰 사용 조절이 힘든 이유는 습관적이고 중독 수준으로 사용하기 때문입니다. 실제로 스마트폰에 중독된 아이들은 스마트폰을 사용하지 않더라도 스마트폰 대신 컴퓨터로 게임을 하고, TV

나 매체 활동을 하는 등 유사한 기기로 수평 이동하는 경향을 보이고 있습니다. 이와 더불어 스마트폰 사용이 제한되는 상황에서 불안하고 초조한 심리를 경험하고 있다고 합니다.

스마트폰은 게임, 웹툰, 동영상, 소셜 네트워크 서비스(SNS)의 커뮤니티 기능까지 모든 것을 사용할 수 있다는 장점을 지니고 있습니다. 다만 이러한 장점이 자제력이 부족한 아동 청소년에게는 스마트폰 과다 사용으로 이어져 일상생활에서 다양한 문제를 야기할 수 있다는 점에서 위험합니다. 특히 심리적·신체적으로도 많은 문제를 일으킬 수 있습니다. 스마트폰이 손에 없을 경우 중독의 위험이 있는 사람은 불안감을 느끼며, 다른 사람의 벨소리를 자신의 벨소리로 착각하는 모습을 보이거나 화장실을 가거나 목욕을 할 때도 스마트폰을 넣고 다니면서 수시로 확인하는 행동을 하기 때문입니다.

아동 청소년들에게 스마트폰은 즐거움과 호기심의 의미, 친밀한 대상으로서의 의미를 가지게 됩니다. 스마트폰의 다양한 기능 중 게임이나 다양한 앱을 사용하면서 재미와 즐거움을 느끼고 있었으며, 언제 어디서든지 자신과 함께 시간을 보내고 사용할 수 있는 친구와 같은 친밀한 대상으로 생각하는 것으로 나타났습니다. 친구관계가 매우 중요한 아동 청소년기에 스마트폰은 친구관계를 만들고 외로움이나 소외감을 해소하기 위한 중요한 매개체로 사용되고 있는 셈입니다.

스마트폰에 지나치게 의존하는 원인부터 파악해야 합니다. 친구들과의 관계에서 갈등이 있거나 인정받고 싶은 욕구가 있는지, 또는 평소에 자신감이 없거나 거절에 대한 두려움이 있는지를 살펴보아야 합니다. 그리고 가족환경에서는 부부 사이에 갈등이 있거나 부정적인 의사소통을 하는 것은 아닌지, 혹은 양육 태도에서 거부적이거나 적대적이었는지를 돌아보아야 합니다.

특히 외로움을 많이 느낄수록 그 외로움을 채우기 위해서 스마트폰을 많이 사용하게 됩니다. 그 때문에 SNS를 통한 관계는 많아지는 반면 주변 사람들과의 관계에는 소홀해집니다. 또한 카카오톡 같은 그룹대화에서 소외되지 않기 위해 하루 종일 스마트폰에 집중하다 보면 다른 일상생활에 영향을 미치게 됩니다. 스마트폰의 재미에 빠지게 되면 뇌에서 흥분을 담당하는 도파민이 과다하게 분비되고 그 이후에도 뇌는 계속 그러한 상태를 갈망하게 됩니다. 그러면 또다시 하고 싶은 충동을 느끼고 반복적인 사용으로 자기조절력을 잃어 결국은 스마트폰 중독으로 가는 거지요.

스마트폰을 통해서 아동 청소년은 또 다른 또래관계의 장을 만들고 오프라인과는 다른 친구관계를 경험하고 있습니다. 오프라인에서만 가능했던 또래관계가 이제 다양한 SNS를 통해 직접 만나지 않아도 계속해서 이야기하며 상호작용을 할 수 있게 되었기 때문이지요. 이는 또래의 영향을 많이 받고, 친구관계가 중요한 청소년기의 특성이 반영된 결과로 보입니다. 긍정적 효과라면 친구들과 더욱 친밀하게 지낼 수 있다는 것을 들 수 있지만, 또 다른 면으로는 '왕따'와 같은 집단 따돌림 문제가 일어날 수 있다는 점을 유의해야 합니다.

스마트폰에 빠진 아이, 어떻게 할까요?

솔루션 하나, 사용 규칙을 만들어요

스마트폰은 언제 어디서든 하루 종일 사용할 수 있는 개인 미디어이기 때문에 초등학생까지는 가급적 사용하지 않는 것이 바람직합니다. 그러나 어느 날 갑자기 오늘부터 사용하지 말라고 하는 것 또한 아이들의 반발 심리를 일으킬 수 있으므로 규칙을 만들어 지키면서 사용하는 것이 좋습니다. 예를 들어 식사 시간이나 학교 및 학원에서의 수업 시간, 보행 중일 때는 스마트폰을 사용하지 않기로 미리 약속하고 규칙을 지키도록 노력합니다.

스마트폰도 컴퓨터와 마찬가지로 제대로 학습하지 않으면 단지 심심한 시간을 달래는 용도로 사용되는 오락기나 동영상을 보는 모니터 외에는 의미가 없습니다. 오히려 각종 유해한 동영상에 쉽게 접근하게 해서 아이들이 올바르게 성장하는 데 방해가 될 뿐입니다. 아이들은 이미 상당수가 컴퓨터 게임에 많이 노출되어 있고,

게임 중독 증세로 치료받아야 할 아이들도 많습니다. 이런 문제가 되지 않으려면 스마트폰을 경쟁력을 높이는 도구로 사용해야 하며 올바르게 사용하는 방법을 학습해야 합니다. 가장 좋은 방법은 컴퓨터나 스마트폰을 집안 식구들이 잘 모이는 거실에 두는 것입니다. 그리고 게임을 하더라도 정해진 시간에만 하도록 습관을 만들어주세요.

솔루션 둘, 약속을 지킬 수 있는 동기를 부여해주세요

스마트폰 하루에 1시간만 보기, TV 끄기, 정해진 시간 후에 게임 끝내기 등 부모와의 약속을 지키고 주어진 일을 잘 마무리했을 때는 칭찬을 통해 약속을 지속적으로 이어나갈 수 있는 동기를 부여합니다. '약속 시간을 지키면 부모에게 격려와 보상을 받는다.'는 인식을 반복적으로 자연스럽게 심어주는 것이 중요합니다. 일상에서 경험할 수 있는 다른 즐거움이 있는 아이는 중독에 빠질 가능성이 낮아집니다. 그러나 부모가 방치해두는 아이는 중독으로 이어질 수 있습니다.

무엇보다 아이의 관심 분야를 공부하고 이에 대해서 아이와 많은 이야기를 나누면서 아이가 부모와 인격적인 관계를 경험할 수 있도록 돕습니다. 특히 아이와 무리해서 긴 시간을 보내려 하기보다는 관계의 질, 시간과 관계의 질을 중요하게 여겨야 합니다. 맞벌이 부부라면 하루 8시간 근무한 것 이상의 열정과 에너지를 가지고 하루에 30분만이라도 기쁘고 반갑고 고마운 마음으로 아이를 대하고 아이에게 집중하는 것이 매우 중요합니다. 부모의 편안한 얼굴, 표정, 목소리 톤, 분위기도 아이와의 소통임을 잊지 마세요.

 양소영 원장의 마음 들여다보기

2세 이전 유아의 두뇌는 3배로 성장하므로 미디어 스크린에 노출되는 것을 가급적 피하고, 무엇을 보여줄지에 대해 관리해야 합니다. 아이들이 방에서 혼자 보게 하지 않는 것도 중요합니다. 항상 부모 등 양육자가 함께 봐야 합니다. 부모가 아이에게 스마트폰을 쥐어주는 이유는 아이가 떼쓰기 때문입니다. 그러나 부모 입장에서 어쩔 수 없이 아이를 두고 일을 해야 하는 상황이라면 아이 근처에 있으면서 아이가 혼자 놀 수 있도록 하는 것이 좋습니다. 혼자 놀 줄도 아는 아이들은 오히려 뇌 발달에 좋은 영향을 받습니다.

초등학생은 아직 충동을 억제하는 자기 통제력이 부족하기 때문에 스마트폰에 빠져들기 쉽습니다. 일찍부터 지속적으로 자극적인 영상에 노출되면 충동 조절, 합리적 판단을 담당하는 전두엽이 손상을 입어 분노나 폭력이 쉽게 나타나고 대인관계 능력도 크게 떨어질 수 있어요. 또한 느리고 지루함을 견뎌야 하는 학습에서도 아주 큰 어려움을 보입니다.

아이들이 스마트폰을 쓸 때 규칙을 두는 것이 중요합니다. '무엇을 볼 수 있는지' '언제까지 사용할 수 있는지' '어디에 보관해야 하는지' 등 규칙이 있느냐 없느냐, 그러니까 아이들이 스마트폰 사용 규칙이 있다는 것 자체를 인지한다는 것이 무엇보다 중요합니다. 처벌이나 차단 위주의 방법은 아이들이 스마트폰에 의존하도록 만들 수 있으므로, 건강하게 사용하는 방법에 중점을 두어 아이와 협의를 하도록 합니다. 스마트폰 사용 시 부모님께 허락을 받도록 합니다. 스마트폰 사용 시간을 정하고. 스마트폰을 사용하기 전에 할 일부터 하도록 합니다. 밥 먹을 때, 잠자기 전에는 하지 않기로 합니다. 스마트폰 대신 좋아하는 활동을 하도록 합니다. 그 활동을 했을 때 좋은 점을 이야기해봅니다.

자위행위를
하는
우리 아이

놀이로 관심 분산시키기

생후 26개월 된 딸이 보행기에서 땀을 뻘뻘 흘리면서 자위행위를
해요. 어린이집을 다니는데 거기서도 책상 모서리에 서서 모서리
에 중요한 부위를 문지른대요. 손을 넣어서 만지기도 하고요. 선생
님이 놀라서 전화를 주셨더라구요. 혼내도 보고 하지 말라고도 하
고, 몸의 소중한 부분이므로 자꾸 만지게 되면 나쁜 병균이 생겨서
아플 수 있으니까 만지면 안 된다고 이야기를 해도 듣지 않아요.
습관적으로 하는 것 같아요. 우리 아이, 어떡하면 좋을까요?

우리 딸이
자위를 해요?!

아이에게서 보이는 자위행위는 성적인 의미를 포함하는 것이 아닌 단순히 즐거움 또는 놀이를 좇는 행위로서, 발달상 정상적인 행동입니다. 어른들처럼 성적 상상을 동반하는 심리적 요소 없이 단순히 쾌감을 좇는 감각적 요소만 있습니다. 생후 6개월쯤 되었을 때 아이가 자기 몸을 여기저기를 만지다가 우연히 성기를 발견하면서부터 호기심이나 장난으로 성기를 만지게 됩니다. 엄마가 기저귀를 갈아주다가 성기를 건드릴 때 쾌감을 느끼는 경우도 있습니다. 성기를 만지면 기분이 좋다라는 것을 깨달은 아이는 성기를 만지거나 다른 물건에 비비며 즐거움을 느낍니다. 그러다 보면 돌 전 아이도 발기가 될 수 있습니다.

36개월을 넘어서면서부터 남녀 구분이 조금씩 가능해지면 이성의 성기에도 관심을 보입니다. 스웨덴의 한 연구 결과에 따르면 아이들은 5~6세에 자위행위를 가장 많이 한다고 합니다. 그러다 초등학교에 들어가면서부터 친구들과 놀이, 또는 더 즐거운 일을 찾게 되면서 점차 줄어들게 되고, 다른 고차원적인 놀이를 즐길 수 있을 만큼 두뇌가 발달합니다. 하지만 아이가 초등학교에 들어가고 친구들과 재미있게 놀아도 자위행위에 지나치게 집착하고, 사람이 많은 장소에서도 아무렇지도 않게 자위를 한다면 심리적 문제가 있는 건 아닌지 살펴보아야 합니다.

딸의 자위행위에 놀라 상담을 청하는 부모들이 많습니다. 이 경우 부모들은 자연스럽게 이야기하지 못하고 "우리 아이가 산만해서…."라며 에둘러 말을 꺼내거나 '내가 뭔가 잘못해서 우리 아이가 이렇게 됐나?'라며 죄책감에 시달립니다. 부모는 아들의 자위에 대해선 지나치지만 않다면 어느 정도 자연스럽게 받아들이지만, 딸이 성적 즐거움을 알고 즐기는 것은 불편하게 생각합니다. 남자아이와 여자아이 모두 성기에 대해 관심을 갖는 것은 정상입니다. 아이들은 대소변을 가리기 시작하면서 몸에 관심이 많아집니다. 남자아이들은 자기 고추를 가지고 놀고, 여자아이들은 자신의 성기를 손가락으로 만지기도 하고 감촉을 느끼기도 하며 냄새를 맡기도 합니다.

아이들은 심심함을 달래기 위해 TV를 보면서 하나의 놀이로 자위를 하기도 하고 기분이 좋아지려고 하기도 합니다. 자신의 몸을 호기심으로 만지는 행동은 발달과정에서 매우 자연스러운 일입니다. 따라서 아이가 자위를 한다면 야단치거나 억지로 못 하게 하기보다 평소와 같이 말을 건네는 것이 좋습니다. 성기를 만지면 기분이 어떤지 묻고, 아이가 자신의 느낌을 이야기하면 자연스럽게 공감해주는 게 중요합니다.

또 학교, 학원 등 공공장소에서 자위를 한다면 "이런 것은 개인적인 행동이니 개인적인 장소에서 해야 한다."라고 알려주는 것이 좋습니다. 다른 사람이 있을 때 하면 그 사람이 불편해할 수 있기 때문에 혼자 방에서 편안한 마음으로 하라고 말해주는 것입니다.

하지만 아이가 지나치게 자위에 빠져 있다면 호기심 외에 다른 원인이 있다고 볼 수 있습니다. 손톱을 물어뜯거나 손가락을 빠는 것처럼 자위가 과하면 아이들이 많은 스트레스를 받고 있다는 표현입니다.

혼내고 못하게 하면
불안감과 수치심을 느낄 수 있어요

부모들의 생각보다 많은 아이들이 자위를 하고 있습니다. 아이들은 자신의 성기를 만져 기분이 좋아지면 자꾸 만지고 싶어 합니다. 즐겁고 기분 좋은 일은 그게 무엇이든 더 많이 하고 싶어지기 때문이지요. 따라서 성기를 자극해 즐거운 기분을 느껴본 아이들이 더 자주 자위를 합니다.

부모가 혼내고 못 하게 하면 아이는 오히려 이상하다고 느낍니다. 감정을 지나치게 억제하거나 자신을 부정적으로 받아들이게 됩니다. 못 하게 한다고 아이들이 자위를 안 하는 것이 아닙니다. 오히려 수치심과 불안감을 갖고 부모의 눈치를 보면서 몰래 자위를 하게 됩니다. 따라서 건강하게 풀어내도록 알려주는 것이 좋습니다. 억누르다 보면 화가 나게 되고, 분노로 인한 자해나 가해가 있을 수도 있습니다.

아이의 자위행위가 과하다면 어떤 스트레스를 받고 있는지 정확한 원인을 찾는 것이 좋습니다. 친구들로부터 놀림을 받고 있는지, 누군가로부터 맞은 적이 있는지, 누가 따돌렸는지, 누가 미워하는지, 누가 싫어하는지, 공부를 잘하고 싶은데 방법을 모르는 것은 아닌지, 아이의 주변 상황과 사건 사고가 있는지 세심하게 살펴봐야 합니다. 그리고 그에 따른 해결책을 함께 모색합니다.

사실 여부를 떠나 아이가 느낀 감정을 전적으로 수용하는 것이 좋습니다. 아이를 객관적으로 파악하고 상대방을 배려해야 합니다. 아이가 공부를 못하든, 다른 아이를 때리든, 왕따를 당하든 또는 왕따를 시키든, 아이가 보이는 행동의 잘잘못을 가리기 전에 아이의 존재 자체를 인정해줄 필요가 있습니다.

자위에 빠진 우리 아이, 어떻게 할까요?

솔루션 하나, 모른 척하지 마세요

자위행위에 대해 부모가 당황해서 못 본 척을 하면 아이는 부모가 이 행동을 허락했다고 생각할 수 있습니다. 또 행동 자체를 혼내고 야단을 하면 아이는 자신의 몸이 더럽다고 느끼며 자존감에 상처를 받습니다. 못 하게 하면 숨어서 하거나 더 심해질 수 있습니다. 이럴 때는 아이의 관심을 다른 곳으로 돌리는 것이 중요합니다. 아이가 자위를 하는 이유는 대부분 심심해서 자극할 만한 것이 필요하기 때문입니다.

자위하는 모습을 보게 되었을 때는 부모가 당황하지 말고 아이 관심을 다른 곳으로 유도합니다. 이때 TV나 동영상을 보여주거나 게임 같은 정적인 활동은 자위를 병행할 수 있으므로, 즐거움을 느낄 수 있는 동적인 활동을 부모가 함께해주어야 합니다. 자위행위를 자주 한다면 부모의 관심과 환경 변화를 통해서 노력해보고, 그래도 나아지지 않을 경우 전문 심리상담사에게 상담을 받아보는 것도 도움이 됩니다.

솔루션 둘, 새로운 관심사를 만들어주세요

아이의 관심사와 흥밋거리를 만들어주고 부모와 함께 땀 흘리는 시간을 늘립니다. 아이가 흥미를 느끼고 좋아하는 어떤 것도 좋습니다. 다른 활동에 몰입해보는 것도 도움이 됩니다. 운동이나 취미 활동을 하는 것입니다. 악기를 배우거나 연기를 해보거나, 복싱을 배우는 것도 건강하게 스트레스를 해소하는 방법입니다.

부모와 함께 땀 흘리며 하는 운동이나 놀이가 효과적입니다. 에너지를 많이 쓰게 하면 몸도 마음도 유쾌해집니다. 일주일에 한 번씩 부모님과 함께 농구, 축구, 야구, 자전거 타기, 달리기, 가벼운 등산 등을 하는 것도 도움이 됩니다. 집 밖의 장소에서 할 수 있는 다양한 활동과 함께 충분한 대화를 나눈다면 부모와 아이의 유대감까지 얻을 수 있습니다.

🐚 양소영 원장의 마음 들여다보기

아이가 애정에 목말라 하지 않게 관심과 사랑을 충분히 쏟아 애정 표현을 하면서 부모가 적극적으로 아이와 놀아주는 것이 중요합니다. 아이가 심심해 보이면 공놀이를 하거나 책을 읽어주거나 함께 그림을 그리는 등 자위행위가 아닌 다른 것에 관심을 돌리게 해서 몸을 향한 집착을 조금씩 줄여가야 합니다. 아이는 어른과 비교해 집착의 정도가 심하지 않고, 쉽게 잘 잊는 경향이 있어 부모가 노력하면 개선할 수 있습니다.

부모는 놀라더라도 감정적으로 대응해 화를 내거나 야단을 쳐서는 안 됩니다. 부모가 화를 내면 아이는 필요 이상의 수치심을 느끼게 되고, 이로 인해 아이는 성을 부정적으로 인식하게 됩니다.

만일 자위행위가 지나쳐 성기 부위에 염증이 생긴다면 늘 청결에 신경 쓰면서 아이 혼자 있는 시간을 되도록 줄이고 함께 있어줘야 합니다. 옆에서 감시하는 것이 아닙니다. 반복적인 자위행위가 별로 좋지 않은 행동이고 엄마를 비롯한 누구도 원하지 않는 행동임을 아이에게 지속적으로 일깨워주는 것입니다.

아이는 엄마와 애착관계가 불안정할 때 자위행위에 집착할 수 있습니다. 또한 본능적인 놀이 욕구가 채워지지 않아도 자위행위에 몰입합니다. 즉 더 재미있고 즐거운 일을 찾지 못해서 성기를 만지며 노는 것입니다. 스트레스가 많을 때도 자위행위에 집착할 수 있습니다. 갑자기 젖을 떼거나, 동생이 생겼거나, 유치원이나 어린이집을 옮겨서 정서적으로 불안할 때도 그렇습니다. 아이가 자위행위에 집착한다면 아이에게 부족한 것이 무엇인지, 부모에게 불만은 없는지, 아이가 무엇을 가장 재미있다고 느끼는지 하나하나 살펴보아주세요.

학교 가기 싫어하는 우리 아이: 두려움을 없애고 격려하기

따돌림으로 힘들어하는 우리 아이: 다친 마음을 치유해주기

공부에 관심 없는 우리 아이: 성향에 따른 맞춤형 학습 전략

수업에 집중하지 못하는 우리 아이: 내적 힘 스스로 키우기

아무런 재능이 없어 보이는 우리 아이: 다양한 자극으로 일깨우기

여자아이를 무시하는 우리 아이: 올바른 성 가치관 형성하기

5장

상처 주지 않고
우리 아이
학교생활 관리하기

학교 가기
싫어하는
우리 아이

두려움을 없애고 격려하기

초등학교 3학년 지연이는 새 학년이 되어서 학교생활을 하다가 발표 시간에 말을 더듬게 되었어요. 선생님과 친구들에게 칭찬받으려고 정말 열심히 준비했는데, 떨리는 마음에 그만 말을 더듬었던 거죠. 친구들이 많이 웃었어요. 지연이는 자기가 실수를 해서 너무 창피하고 친구들이 말을 더듬던 자신을 자꾸만 따라 하면서 놀릴 거 같다고 합니다. 이제는 친했던 친구들도 자기와 같이 놀아주지 않을 것 같다며 학교에 가지 않겠다고 해요. 학교에 갈 시간만 되면 머리가 아프다거나 배가 아프다고 하면서 학교에 가기 싫다고 합니다. 병원에 가면 아무 이상이 없다고 하는데 말이죠. 우리 아이 어떡해야 하나요?

206

"학교 가기를
너무 힘들어해요."

새 학년이 시작되면 '학교거부증'으로 아동심리상담센터를 찾는 아이들이 많습니다. 학교거부증은 말 그대로 아이가 학교 가기를 두려워하거나 거부하는 현상을 말하는데, 초등학생의 4~5%가 여기에 해당합니다. 등교 시간에 식은땀을 흘리거나 구역질, 복통, 구토 등 신체적인 불편감이 나타나는데, 등교 시간이 지나게 되면 없어지는 것이 특징입니다.

영유아 때 애착관계가 적절하게 형성되지 않은 경우에도 이러한 분리불안이 심하게 나타날 수도 있습니다. 환경이 바뀌는 과정에서 아이들이 겪는 심리적 불안과 거부는 일시적이고 자연스러운 현상입니다. 하지만 새 학기가 시작된 지 한 달이 지나도록 아침마다 학교에 가지 않겠다고 고집을 부린다면 한 번쯤 학교거부증이 아닌지 확인해봐야 합니다.

아이가 등교를 거부할 때는 일단 결석이나 지각을 하지 않도록 부모가 함께 노력해줘야 합니다. 등교를 할 때 같이 학교 정문까지 혹은 필요에 따라 교실 앞까지 배웅해주되, 아이가 적응하면 배웅하는 장소를 집에서 가까운 곳으로 옮기는 것도 좋은 방법입니다. 늦잠을 자서 등교를 서둘러야 하는 경우 아이는 이로 인해 화가 나고 귀찮아지면서 등교를 거부할 수 있으니 아침에 일찍 일어나는 습관을 미리 들이는 것이 좋습니다. 이 외에도 수업 준비가 제대로 되어 있는지 점검해서 아이가 수업 시간에 힘들어하는 일이 없도록 도와주어야 합니다.

대부분 아이가 학교 가기를 꺼리는 시기는 일시적인 경우가 많습니다. 학교에서 친구들과 어울려서 지내는 것이 더 재미있고 흥미롭다는 점을 학습하기 때문이지요. 이때 아이가 친구들과 어울리는 즐거움을 알기 위해서는 부모 외에 어른 혹은 낯선 사람들과 잘 어울릴 수 있는 능력을 갖춰야 합니다.

유치원 때는 자신이 가만히 있어도 주변에서 많은 도움을 주었지만, 학교에서는 다른 아이들과 경쟁하면서 더 잘하기 위해서 다양한 활동을 스스로 찾아서 해야 합니다. 물론 이러한 과정에서 스트레스를 받기도 하지만, 이를 스스로 해소하는 방법도 익힘으로써 아이는 대처 능력이 발달하게 됩니다.

아이에게 자신감을
불어넣어주세요

초등학교에서는 본격적으로 공부를 하게 되고 배우는 수준도 조금씩 어려워집니다. 수업 시간과 쉬는 시간이 일정하게 반복되면서 사고 및 행동의 전환을 요구하는 고도의 집중력이 필요하게 되지요. 또한 아이들에게 허용하는 태도와 행동의 제약도 생깁니다. 스스로 결정하고 행동하는 일이 많아지면서 아이는 자신의 행동을 판단해야 하고 이에 따른 책임을 져야 합니다. 이를테면 학교에서는 친구와 싸우게 되면 시시비비를 가려 각자 책임을 지고 그에 따른 벌을 받게 되기도 합니다.

아이가 학교 가기를 거부하는 가장 큰 이유는 엄마와 장시간 동안 떨어져 학교에서 지내는 것이 불안하기 때문입니다. 또한 새로운 경험들을 할 때 아이는 스트레스를 심하게 받고 불안감으로 인해 더욱 엄마와 떨어지기 싫어합니다.

아이가 성장한다는 것은 스스로 힘으로 어떤 일을 해낸다는 것입니다. 아이는 작은 성취들을 통해 자신감을 얻고 걱정과 불안을 떨치게 됩니다. 아이가 자신감을 갖기 위해서는 옷을 입고 준비물을 챙기는 등 기본적인 일을 혼자 할 수 있어야 합니다.

학교 가기 싫어하는 우리 아이, 어떻게 할까요?

솔루션 하나, 두려움과 부담감을 떨칠 수 있게 도와주세요
학교 가기 싫어하는 아이들의 마음속에는 부모와 떨어져야 한다는 걱정, 학교에 대한 막연한 두려움, 학년이 높아진다는 부담감 등이 자리 잡고 있습니다. 아이가 이런 마음을 떨치고 긍정적으로 생활할 수 있도록 도와주어야 합니다.

자녀가 실패에 대한 두려움 없이 새로운 것에 호기심을 갖고 도전할 수 있도록 부모는 아이의 단점보다 장점을 찾아내 격려하는 연습을 해야 합니다. 아이가 편안하게 말할 수 있도록 평소에 신뢰를 쌓는 것이 중요합니다. 또 말보다 행동을 통해 자신의 요구를 전달하려는 아이에게 자연스럽게 자신의 욕구를 표현할 수 있도록 이끌어줍니다.

학교에 잘 적응하도록 하려면 부모와 아이가 떨어져 있는 시간을 점차 늘려가는 것도 도움이 됩니다. 이때 아이들이 견딜 수 있는 시간은 부모와 아이가 의논해서 정합니다. 부모와 아이가 헤어지는 장소를 점차 학교에서 멀어지도록 유도하면서, 분리불안을 조금씩 지워나가는 것도 좋은 방법입니다. 그뿐만 아니라 아이가 등교할 때마다 스티커를 하나씩 주고 일정 개수를 모으면 원하는 활동을 부모와 즐겁게 할 수 있다고 약속해주세요. 목표에 대한 성취감이 힘든 상황을 견디게 만들어 분리불안을 이길 수 있게 도와줍니다.

솔루션 둘, 친구 사귀기도 연습이 필요해요

자녀가 친구를 사귀는 데 어려움을 겪는 스타일이라면 새 학기가 시작되기 전 부모와 함께 친구 사귀기 연습을 해보는 것도 좋습니다. 친구에게 마음의 상처를 받는 것이 두렵다면 나도 친구에게 상처 주지 않기, 누군가 다가와 놀아주기를 기다리지 말고 내가 먼저 다가가 같이 놀자고 용기 있게 말하기, 문제 상황이 생기면 서로에게 맞추고 배려하며 용서하면서 유쾌하게 해결하기 등 친구 사귀는 법도 연습이 필요합니다.

양소영 원장의 마음 들여다보기

아이가 분리불안 때문에 학교 가기를 겁낸다면 아이의 불안 정도를 점검해가면서 단계적으로 해결해나가는 것이 바람직합니다. 일정한 기간 동안은 부모가 아이를 학교에 데리고 가서 수업 중에는 교실 밖에서 기다리고 있다가 수업이 끝나면 데리고 오고, 점차 부모가 학교에 같이 머무는 시간을 줄여가도록 합니다. 나중에는 학교에 데려다주기만 하고, 종국에는 아이 혼자서 학교에 가도록 하는 방법입니다.

학교에서 따돌림을 당하거나, 괴롭힘을 당할 경우에도 학교에 가는 것을 두려워할 수 있습니다. 아이들은 학교에서 괴롭힘을 당하더라도 보복이 두렵거나 더욱더 따돌림을 당하지나 않을까 두려워서 부모나 선생님에게 이러한 사실을 이야기하지 않는 경우가 많습니다. 항상 아이의 생활에 관심을 가지고 열린 마음으로 아이와 대화를 하고자 노력해야만 아이가 안 좋은 상황에 처할 경우

조기에 발견해 적절한 대책을 세울 수 있습니다.

지능지수가 낮아서 학습 장애가 있는 경우에도 학교에 가기를 싫어할 수 있습니다. 학교에서 몸을 잠시도 가만히 두지 않고 꼼지락거리기도 하고 쉼 없이 뛰어다니고 참을성도 부족해서 차례를 잘 기다리지 못하기도 하고 원하는 것을 바로 들어주지 않으면 심하게 떼를 쓰거나 수업 시간에도 쉽게 주의집중을 못 하는 아이들도 그렇습니다. 선생님에게 꾸지람을 자주 듣게 되고, 친구들과의 다툼도 잦으며 때로는 친구들로부터 따돌림을 당하기도 합니다. 머리는 좋은 것 같은데 학업 성적은 기대한 것보다 낮거나, 초등학교 1~2학년 내내 이러한 현상이 지속되면 때로는 우울증에 빠지기도 합니다.

주의력결핍 과잉행동장애는 상당히 흔한 질환이며 국내 조사에 따르면 주의력결핍 과잉행동장애로 보이는 경우가 100명당 8~9명에 이릅니다. 학교에 가도 선생님 말씀을 알아들을 수가 없고 노력을 해도 성적이 나쁘게 나오는 것이 반복되면 학교생활에 흥미를 잃어버리게 되어서 학교에 가는 것을 싫어하게 됩니다. 지능검사를 통해서 아이의 인지 능력을 확인해보고 적합한 교육기관을 찾는 것이 도움이 될 수 있습니다.

아이는 같이 있는 것만으로도

부모의 눈빛과 목소리에 집중하고

열심히 대화에 동참하고 있답니다.

부모와 아이가 마주 볼 수 있게 앉아서

눈을 맞추고 대화하면서 식사하세요.

아이의 식습관 형성 이전에

올바른 애착 형성에 큰 영향을 줍니다.

따돌림으로
힘들어하는
우리 아이

다친 마음을 치유해주기

초등학교 2학년 때 아이가 따돌림을 당하고 맞기도 해서 전학을
했는데, 전학을 와서도 따돌림을 당하고 적응을 못 하고 있는 거
같아요. 아이가 또다시 전학을 가고 싶다고 하네요. 다른 학교에서
다시 시작하고 싶대요. 아침에 일어나면 한숨부터 쉬고, 학교 가는
것을 너무 힘들어해요. 하교 후 부쩍 우울감이 심해지고 작은 일에
도 깜짝깜짝 놀라며 초조한 기색이 보이네요. 숙제도 혼자서는 전
혀 하지 않고 학교와 관련된 일에 대해 흥미를 완전히 잃은 것 같
아요. 밥도 잘 못 먹고, 잠도 잘 못 자요. 잘 때 식은땀을 흘리면서
잠꼬대나 앓는 소리를 내기도 해요. 반 친구들 몇 명이 아파트 앞
놀이터로 불러내서 이유 없이 아이에게 침을 뱉고 때리고 밀치는

일도 있었대요. 학용품이나 소지품을 자주 잃어버리기도 해요. 일기나 노트에 죽고 싶다고 적혀 있거나 폭력적인 그림의 낙서가 그려져 있기도 하고요. 힘들어하는 아이를 보면 너무 속상하고 마음이 아파요. 다시 전학을 가야 할까요?

우리 아이가 다른 친구들을 괴롭히거나 왕따를 당할 리 없어요

교육부는 전국 초중고등학교(초등 4학년~고등 3학년) 학생들의 학교폭력 경험 및 인식 등을 17개 시·도교육감이 공동으로 조사한 '2019년 1차 학교폭력 실태조사' 결과를 발표했습니다. 실태조사 결과 피해 응답률이 1.6%로 지난해 1차 대비 0.3%p 증가했는데, 초등학생의 피해 응답률 증가(0.8%p)가 중학생(0.1%p)과 고등학생(지난해 동일)보다 더 높았습니다. 이러한 피해 응답률 증가는 학교폭력이 여전히 심각하다는 증거로 볼 수 있습니다.

학생 천 명당 피해 유형별 응답 건수는 언어폭력(8.1건), 집단 따돌림(5.3건), 사이버 괴롭힘, 스토킹, 신체폭행(2건) 등의 순으로 조사되었습니다. 피해 유형별 비중은 언어폭력(35.6%), 집단 따돌림(23.2%), 사이버 괴롭힘(8.9%) 등의 순이며, 지난해와 비교해서 사이버 괴롭힘의 비중이 스토킹(8.7%)보다 높아지고 있습니다.

현실이 이러함에도 불구하고 부모는 자신의 아이가 다른 아이들을 괴롭히거나 반대로 왕따를 당할 리 없다고 믿습니다. 초등학생들은 내가 학교폭력을 행하고 있는지, 이게 학교폭력에 해당하는지 등에 대해 정확한 개념이 부족합니다. 자신이 하는 행동은 모두 옳고, 다른 사람은 나에게 피해를 주는 행동을 해서는 안 된다고 생각하는 아이들도 있습니다. 이런 이유로 학교폭력을 예방하기 위해서는 아이들에게 어떤 것이 올바른 행동인지 알려주는 것이 중요합니다.

왕따 현상은 왕따가 되는 최초의 사건이나 소문이 발단으로 시작됩니다. 즉 이상한 성격 또는 행동이 나타나거나, 낮은 지능 반응이 나오거나, 아이들이 싫어하는 행동(튀는 행동·일관성 없는 행동 등)이 나타나거나, 전에 왕따였다는 소문이 나면 그때부터 왕따를 당하게 되는 것입니다.

일반적으로 한 번 괴롭힘의 대상이 되면 1년 이상, 학년이 바뀌어도 지속되는 경우가 많습니다. 시간이 지날수록 피해 학생의 스트레스가 심해지고, 학생들 사이에서는 '저 아이는 괴롭힘을 당해도 되는 아이'로 낙인찍히기 때문에 부모가 빨리 사건에 개입하는 것이 좋습니다.

가해자에게도 왕따를 주도하거나 가담하지 말아야 할 이유는 충분합니다. 가해자로서 만족을 추구하다 보면 폭행, 사기 등으로 인생을 살게 될 가능성이 있기 때문입니다. 피해자가 대인 공포, 사회성 발달 저해, 자퇴, 극단적인 행동을 할 가능성이 있다면, 방관자 역시 잘못을 알고도 방관했다는 죄의식 속에서 살아갈 수 있습니다. 집단 따돌림은 모두가 피해자가 될 수 있어 반드시 근절해야 합니다.

피해자와 가해자, 문제 해결의 실마리

초등학교에 갓 입학한 아이가 심리적인 스트레스를 동반한 두통, 복통, 소화불량 등을 호소한다면 방치하지 말고 반드시 전문 상담사에게 상담을 받도록 합니다. 피해를 당하는 아이들은 대체로 자주 지각을 합니다. 그리고 다른 학생보다 빨리 혹은 아주 늦게 교실에서 나갑니다. 성적이 급격히 떨어지고 이전과 달리 수업에 흥미를 보이지 않습니다. 수학여행 및 체육대회 등 학교 행사에 참석하지 않고 무단결석을 하기도 합니다. 작은 일에도 예민하고 신경질적으로 반응하고는 합니다.

가해 아이들은 대체로 부모와 대화가 적고 반항하거나 화를 잘 내는 편입니다. 반에서 특정한 아이들하고만 놀지요. 사주지 않은 고가의 물건을 가지고 다니며 친구가 빌려준 것이라고 하기도 합니다. 친구관계를 중요시하며 밤늦게까지 친구들과 어울리느라 귀가 시간이 늦거나 불규칙하고, 감추는 게 많아집니다. 친구들이 자신에 대해 말하는 걸 두려워하고 집에서 주는 용돈보다 씀씀이가 큽니다.

아이가 이런 행동을 할 때는 눈치채지 않게 조심스럽게 살펴봐야 합니다. 가해하는 아이를 공개적으로 야단치거나 피해 학생을 직접 보호하면 오히려 역효과를 낳을 수 있습니다. 피해당한 아이와 친한 친구에게 피해 사실을 물어봐서도 안 됩니다. 학교폭력의 상당 부분은 가까운 친구들에 의해 발생하기 때문입니다.

사실 확인을 위해 피해 학생과 가해 학생을 한자리에 불러놓고 직접 이야기하는 것도 좋지 않습니다. 피해 학생은 공포 때문에 사실 그대로를 말하지 못할 수 있기 때문이지요. 피해 학생에게는 학부모나 교사가 신뢰를 심어줘야 합니다. 피해를 경험한 아이를 보호하고 폭력을 참고 용서하지 않겠다는 의지를 보여준다면, 아이들은 자신의 문제를 해결하기 위해 도움을 요청할 수 있습니다.

학교폭력 근절을 위해 이것만은 알아두세요

학교폭력을 예방하려면 평소 아이의 학교생활과 교우관계에 대해 관심을 갖는 것이 중요합니다. 소극적이고 감수성이 예민한 학생,

자신의 생각이나 의견을 분명하게 말하지 못하고 우물쭈물하는 학생이 피해자가 되기 쉽습니다. 평소 자녀에게 자신감과 독립심을 길러주고 어떤 경우에도 폭력은 옳지 않다는 사실을 명확히 알려주어야 합니다.

세상은 혼자 살아가는 것이 아니고 더불어 살아가는 것이라는 성품 교육도 필요합니다. 특히 TV나 폭력적인 온라인 게임 등에 빠지지 않게 제어해줘야 합니다. 이 시기에는 아이들에게 올바른 가치관과 풍요로운 정서를 만들어주어야 하기 때문입니다.

또한 선생님, 학교와 연계해 아이의 학교생활을 점검하는 것이 바람직합니다. 폭력을 당하거나 왕따를 피하기 위해서는 친한 친구를 최소한 2~3명은 만들어야 합니다. 더불어 학교폭력과 왕따 등 옳지 않은 행위를 선생님이나 어른들에게 알리는 것은 고자질이 아닌 용기 있는 행동이라는 인식을 심어주는 것도 중요합니다.

아이가 폭력에 시달리는 사실을 알게 되면 우선 부모가 자녀 편이라는 것을 인식시켜 안심하게 한 뒤 상황을 파악하고 후속 조처를 해야 합니다. 그렇지 않으면 아이는 부모에게도 마음의 문을 닫아버립니다. 가능하면 가해 학생과 부딪치는 것을 피하도록 이르고, 돈이나 다른 친구들이 욕심낼 만한 물건을 가지고 다니지 못하게 합니다. 또 부당한 요구에 절대 응하지 않도록 합니다. 한 번 들어주면 요구가 점점 과도해지기 때문입니다.

다짜고짜 학교나 가해 학생의 부모에게 달려가는 것은 바람직하지 않습니다. 흥분을 억누르고 먼저 폭력에 대한 객관적인 증거를 모아야 합니다. 가해자의 인적사항과 언제, 어디서, 어떻게 당했는지 피해 자녀의 말을 뒷받침해줄 물증을 확보하고 주변 친구들의 증언도 들어두는 것이 좋습니다. 법적 문제로 갈 경우를 대비해 신경정신과나 외과 전문의의 진단서도 받아둡니다. 정확한 증거를 확보하지 못하면 가해 학생이나 부모가 상황을 부인하게 되고, 이 경우 피해 아이는 더 큰 충격을 받습니다.

그다음에는 물증을 공개할지 담임교사와 학교 상담교사, 혹은 외부 전문가와 상담합니다. 학교마다 자치위원회가 있는데 이곳에 신청한 후 도움을 받는 것도 좋습니다. 담임교사의 입회하에 가해 학생과 부모로부터 정식으로 사과를 받고 필요한 경우 치료비 등을 배상받아야 합니다. 사건을 드러내고 진심 어린 공개사과를 받아야 재발을 막을 수 있습니다. 문제가 해결된 뒤에는 피해 학생과 가해 학생 모두 전문상담센터를 찾아가 상담과 치료를 받아 후유증을 예방합니다.

왕따로 힘들어하는 우리 아이,
어떻게 할까요?

케이스 하나, 피해를 경험한 아이라면

친구가 때리면 복수하는 대신 열 번이고, 스무 번이고 "그러지 마라."고 분명히 말해주는 것이 현명한 대처방법입니다. 너무 억울하고 화가 나면 다른 어떤 생각도 안 나고, 아무것도 할 수가 없게 됩니다. 당연히 화해는 꿈도 못 꿉니다.

그럴 때는 일단 자신의 마음을 풀어야 합니다. 주변에서 가장 믿을 수 있는 사람을 찾아봅니다. 사이가 괜찮다면 부모가 좋습니다. 어려워하지 않고 편하게 말할 수 있다면 선생님도 좋고, 언니나 형 같은 듬직한 친구도 좋은 상대입니다. 무슨 이야기든 편안하게 할 수 있는 상대를 찾아서 무슨 일이 있었는지, 자기 심정이 어떤지, 하고 싶은 말을 뭐든 쏟아냅니다. 눈물이 나면 마음껏 웁니다. 앞으로 어떻게 하면 좋겠는지도 함께 이야기합니다.

이때 듣는 사람은 "너한테도 잘못이 있겠지." 하는 식으로 상대방 편을 들어서는 안 됩니다. 말하는 사람의 처지에서 그 사람이 화가 나고 속상한 마음을 그대로 인정해주어야 합니다. 누군가 내 이야기를 들어주고, 내가 얼마나 속상하고 화가 났는지 알아만 주어도 화가 나고 억울한 마음이 많이 누그러집니다. 내 마음이 받아들여지면 절대로 용서할 수 없을 것 같았던 상대방의 처지가 헤아려지면서, 또 어떤 경우에는 당시의 흥분이 가라앉으면서 자신을 돌아보게 됩니다.

케이스 둘, 가해를 경험한 아이라면

가해 학생은 "내가 머리끝까지 화가 났는데, 남이 어떻게 될지를 먼저 생각할 수는 없었다고요."라고 말하기도 합니다. 자기도 모르게 폭력을 썼다면 이렇게 변명하고 싶을지도 모르지요. 자신의 감정에 빠진 순간, 남을 돌아본다는 건 정말 어려운 일입니다.

이때는 일단 내 마음을 가라앉히는 과정이 필요합니다. 꼭 누구를 위해서라기보다는 화가 나 고통스러운 마음을 벗어나기 위해서라고 생각해도 좋습니다. 화가 치밀어 오르면 주먹질을 하거나 욕을 하기 전에 그냥 말로 표현하는 것입니다. "정말 짜증 난다." 이렇게 말만 해도 마음이 가라앉을 수 있습니다.

만약 폭력적인 성향이 강한 학생이라면 이럴 때 평소 하고 싶었던 운동을 해보세요. 태권도나 검도는 싸우고 싶은 마음을 풀어줍니다. 테니스나 탁구 같은 운동도 좋습니다. 폭력적인 성향은 남뿐만 아니라 자신도 해치는 무익한 것이므로 개선하려고 노력해야 합니다.

상대방에게 미안한 마음이 든다면 이제 용기를 낼 때입니다. 친구에게 다가가서 먼저 말을 거세요. "미안하다."라고 말할 수 있다면 가장 바람직합니다. 남자아이들은 사과하기를 더 어려워할 수 있습니다. "이따 학원 갈 때 같이 갈래?" "내일모레 내 생일인데 올래?"라고 말해보는 것도 좋습니다. 친구가 사과를 받아주면 문제는 거의 다 해결된 셈입니다.

서로 편안하게 이야기할 수 있게 됐다면 싸웠던 이야기를 차근차근 다시 합니다. "너 어저께 왜 그랬냐, 어제 이런 이유로 내가 많이 속상했어." 이렇게 차분히 말하면 서로 감정이 누그러진 상태이기 때문에 상대방을 이해하며 이야기를 나누게 됩니다. 이렇게 하면 밑바닥에 남아 있던 감정의 찌꺼기까지 완전히 없앨 수 있습니다.

케이스 셋, 피해 아이의 부모라면

아이가 직·간접적인 폭력을 자주 경험했다면 보복당할 수 있다는 두려움에 무기력해져 적절한 대처를 하기 어렵습니다. 이때 부모가 따뜻하게 안아주며 아이의 고통을 미리 알고 도와주지 못해 미안하다고 사과해주세요. 부모가 적극적인 문제 해결 의지를 보여주세요. 평상시 부모와 자녀 간의 의사소통이 원활하고 자녀의 친구들을 알고 있는 경우라면 사실을 확인하고 적극적으로 대처합니다. 자녀의 등하굣길에 동행하거나 주변 친구나 그 부모들과 관계를 형성해서 지지 세력을 만들 수 있습니다. 이러한 노력은 지속적으로 해야 합니다.

교사에게는 자녀의 피해 사실을 알려 교실 내에서 다시는 피해가 발생하지 않도록 개입을 요청해야 합니다. 이때 교사가 적절하게 개입할 수 있도록 대처방법과 주의 사항 등을 공유합니다. 전문가의 도움을 받는 것도 좋습니다.

가족과 공유하는 시간을 계획하고 아이가 관심을 가지는 활동을 지원하고 함께 여가 활동이나 여행을 함으로써 가족에 대한 사랑과 믿음을 확인합니다. 이때 부모는 아이와 놀아준다는 개념이 아니라 함께 어울려 논다는 생각의 전환이 필요합니다. 함께하는 시간 속에서 가족이 자신의 지지자라는 믿음을 갖게 되면, 아이는 갈등을 가족에게 드러내고 함께 해결방법을 모색할 수 있습니다.

무엇보다 아이의 상처받은 마음을 이해하려는 노력이 우선되어야 합니다. 가족 구성원들 사이에서 격려가 먼저 이루어지지 않으면 아이들은 가족마저 자신의 마음을 충분히 알아주지 않는다는 생각에 사로잡히게 됩니다. 결국 부모에게 모든 화를 돌리고 반항을 일삼으며 끝내 소통이 끊길 수도 있으므로 자녀의 다친 마음을 회복하는 것을 1순위로 삼아야 합니다.

🌱 양소영 원장의 마음 들여다보기

아이는 초등학교를 입학하면서 객관적인 것의 중요성을 알게 되고 스스로 인정하고 받아들이기 시작합니다. 이 과정을 어떻게 겪느냐에 따라 앞으로의 학교생활은 물론 아이 인생의 전반이 달라집니다. 친구들과의 교류를 통해 아이는 집에서와는 다른 자아상을 갖습니다. '내가 반에서 제일 웃겨.' '난 잘 도와주는 편이야.' 등으로 자신을 표현하게 됩니다. 반대로 친구가 적거나 없는 아이들은 위축감을 느끼고 부정적 자아를 형성하게 되기도 합니다.

사회의 일정한 틀 안에 들어가는 과정을 '규칙의 내면화'라고 하는데, 부모는 이 과정을 통해 아이들이 지켜야 하는 규칙이 '벌칙'이 아닌 '교육'의 일부임을 깨닫게 됩니다. 아이가 사회의 틀을 자연스럽게 받아들이려면 규칙이나 규범에 대해서 충분한 대화를 나눠야 합니다. "그렇게 생각하는 이유는 무엇이니?" "그러면 친구는 어떤 기분이 들 것 같니?"와 같은 질문을 통해 규범을 지켜야 하는 이유를 함께 찾는 시간이 필요합니다.

아이가 왕따를 당하고 있는 것 같으면 아이의 관심 영역을 넓혀주는 게 좋습니다. 관심사를 아이가 실제 행하고 있는 활동과 엮어서 발전시켜주면 더욱 좋습니다. 아이가 다른 사람들과 직접 부딪치며 사회성을 기를 수 있는 활동일수록 좋습니다. 아이가 만화 영화를 좋아한다면 만화 영화 컨벤션에 함께 가주세요. 음악을 좋아한다면 레슨을 시켜주는 겁니다. 아이가 곤충박사면 부모님도 곤충박물관에 자주 가고 곤충박사가 되어주세요. 아이가 자신과 비슷한 사람들과 함께 어울릴 수 있도록 도와주세요. 내가 원하는 것을 할 수 있으니 훨씬 행복해질 수 있습니다.

기회가 주어졌다면 기쁜 마음으로 나만의 활동들에 투자할 수 있도록 도와주세요. 언제나 외톨이 같은 기분을 느끼는 대신 사회성을 훨씬 더 많이 기를 수 있습니다. 새로운 친구들을 사귀도록 도와주세요. 아이가 따로 어울리고 싶어 하는 새로운 친구 집단과 친해질 기회를 만들어주세요. 아이가 스스로 가치 있는 사람이라고 느낄 수 있고, 괴롭히던 아이들이라도 화해하고 용서하고 친한 친구로 관계가 회복되어지는 경험을 하게 된다면 아이의 자신감 고취에 많은 도움이 됩니다.

학교폭력 피해 시 도움받을 수 있는 기관

- 청소년 긴급전화 1388
- 학교폭력 신고전화 117
- 푸른나무재단(청소년폭력예방재단) 02-585-9128

공부에 관심 없는 우리 아이

성향에 따른 맞춤형 학습 전략

아이가 6살인데, 종합심리검사를 했더니 아이큐가 높게 나왔어요. 36개월에 지능검사만 했을 때도 높게 나와서 영재교육을 해보라고 권유받았거든요. 그때는 그러려니 하고 넘어갔는데, 혹시나 하는 마음에 종합심리검사로 해보니 아이의 아이큐가 여전히 높네요. 언어이해가 상위 1%, 시공간이 상위 2%로 나왔어요. 그런데 아이가 공부를 안 합니다. 아이큐가 높으니 부모로서 좀 욕심이 나서 공부를 시키고 싶은데, 아이가 따라와주지 않아요. 마음만 조급해지네요. 남들은 이것저것 다 하고 있는데 우리 아이만 뒤처지고 있는 거 아닌지 걱정되기도 하고요. 아이가 어떻게 하면 공부에 관심을 가질 수 있을까요?

공부하게 만드는 방법,
어디 없을까요?

아이마다 타고난 성격과 기질이 제각각이듯 공부 성향도 다릅니다. 노는 시간과 공부 시간의 균형을 맞춰줘야 하는 아이, 중학교 때부터 공부에 속도를 내야 하는 아이, 초등학교 때부터 꼼꼼히 지도해야 하는 아이, 주변에서 간섭하는 것을 싫어하고 스스로 하는 것을 선호하는 아이 등 다양합니다. 문제는 부모가 원하는 방식대로 아이를 끼워 맞출 수 있다는 오류를 범하거나 평생 아이의 성향을 파악하지 못할 수도 있다는 것입니다. 무엇보다 아이가 어떤 공부 성향인지 정확히 알고 이해하는 게 중요합니다.

"우리 아이가 공부를 절대 하지 않으려고 해요. 게임이나 자기가 좋아하는 것에만 관심이 많아요. 어떻게 해야 아이가 공부를 할까요?" 이런 동기부족형의 아이들은 공부를 전혀 생각하지 않는 것처럼 보입니다. 공부하는 시늉조차 하지 않아 학업 성적이 또래에 비해 많이 떨어집니다. 이렇게 공부에 전혀 취미가 없는 아이에게는 무엇보다도 먼저 공부를 통해 작은 성공을 경험하게 하는 것이 중요합니다.

그러나 쉴 없는 공부에 대한 스트레스는 자녀들의 대뇌 발달에 악영향을 줄 수도 있습니다. 대뇌는 좌반구와 우반구로 구분되는데, 이 두 부분을 연결하는 것을 '뇌들보'라고 합니다. 뇌들보는 좌반구와 우반구의 정보를 교차적으로 연결하는 교량 역할을 하는데요. 사춘기에는 이 뇌들보가 발달하면서 이성에 근거한 사고가 발달하게 됩니다. 뇌들보의 역할로 양쪽 뇌 기능을 합쳐져서 더 똑똑해지는 것이지요. 그런데 뇌들보에 문제가 생기면, 몸은 하나인데 뇌 두 개가 따로 돌아가는 것과 같은 현상이 발생합니다. 상황 판단 능력이 떨어지게 되고, 무모한 행동을 하거나, 학습 능력에 어려움이 생길 수도 있습니다.

이를 예방하기 위해서는 자녀의 성적이 떨어졌을 때, 혹은 공부에 대한 흥미가 떨어졌을 때 아이가 스트레스를 적게 받도록 도와줘야 합니다. 지나치게 다그칠 경우 공부에 대한 흥미를 잃어버릴 수도 있으므로 부모가 어떤 태도를 취하는지가 중요합니다.

성향에 맞는 맞춤형 학습 전략을 세워주세요

동기부족형 아이 맞춤형 학습 전략 1단계

동기부족형 아이는 자기 마음과 생각을 상대에게 쉽게 드러냅니다. 잘못한 행동으로 교사에게 꾸중을 들을 때 자기도 모르는 사이에 거친 말들이 불쑥 튀어나옵니다. 동기부족형 아이의 기본 욕구는 자유와 자발성입니다. 시키는 대로 하는 것을 매우 싫어하지요.

이런 아이들은 꿈을 크게 가질 때 제 능력을 발휘합니다. 자신이 어떤 잠재력을 가진 사람인지, 비전은 무엇인지, 이를 이루는 방법은 무엇인지를 알게 되면, 공부가 자신의 꿈을 이루기 위해 필요한 것임을 알게 된답니다.

동기부족형 아이 맞춤형 학습 전략 2단계

동기부족형 아이는 나서기를 좋아하며 다른 사람들과의 관계 속에서 책임감을 느끼며 세상에 대해 알아보고 싶은 욕구가 강합니다. 무엇보다 아이가 자신의 꿈과 비전을 찾을 수 있는 교육이 필요한데요. 혼자 하는 공부보다 친구들과 함께하는 학습이 효과적입니다. 아이가 좋아하는 친구들과 그룹과외를 시키거나 학원에 보내는 것이 도움이 됩니다. 또 친구들과 스터디그룹을 만들어 함께 토론하는 방식으로 공부하면 집중력이 훨씬 높아집니다. "우리 딸 정말 잘해냈네. 오늘 맘껏 놀아라."라고 말해주면 아이는 오히려 공부에 더욱 흥미를 느끼게 됩니다. 가벼운 경쟁심을 어느 정도 가진 상태에서 아이들이 공통으로 새로운 결심을 불러일으킬 만한 과제를 부여하는 것도 능률이 오르는 방법입니다.

동기부족형 아이 맞춤형 학습 전략 3단계

아이가 생각하는 것이 무엇이든 일단 인정해주세요. 아이는 오직 알고 싶어 하는 자신의 욕구를 만족시키는 데만 목적이 있습니다.

그래서 누가 뭐라든 상관없이 기를 쓰며 답을 알아내려고 합니다. 아이가 생각하는 것이 어떻든 일단 인정해주는 게 좋습니다. "왜 너만 그런 엉뚱한 생각을 하는 거야?"라고 나무라는 것은 전혀 도움이 되지 않습니다. 이런 유형의 아이는 새롭고 기발하고 독창적이며 창의적으로 사고하니까요. 다른 유형의 아이들에 비해 머리가 좋고 사고의 폭 또한 넓고 깊습니다. 하지만 무슨 일을 하든 다른 아이들보다 시간이 더 많이 걸릴 수 있고 결과가 안정적이지 않을 수도 있음을 인정해줘야 합니다.

동기부족형 아이 맞춤형 학습 전략 4단계

궁금해하는 것들을 마음껏 질문할 수 있도록 합니다. 아이는 자기가 관심 있는 사물이나 사람, 그런 과정이나 내용에 대해서는 아주 자세한 부분까지 정확하게 파악하고 기억합니다.

아이가 질문할 때는 소리를 높여 마구 꾸짖거나 기를 꺾지 말아야 합니다. 자존심이 유난히 강하기 때문입니다. 이런 아이에게 질문을 못 하게 하는 것은 곧 공부 의욕을 꺾는 것입니다. 자신이 궁금해하는 것들을 마음껏 질문할 수 있게 해야 특별히 갖추고 있는 논리적이고 체계적인 사고방식을 익히면서 똑똑한 아이로 성장할 수 있습니다.

동기부족형 아이 맞춤형 학습 전략 5단계

'5분 예습법'은 별도의 공부 시간을 투자하지 않고도 성적을 크게 올릴 수 있는 가장 효율적인 방법입니다.

> 수업 시작 5분 전에 자리에 앉는다. → 교과서를 편다. → 목차를 살핀다. → 단원명을 확인한다. → 학습 목표를 확인한다. → 교과서를 훑어본다. → 도표와 그림을 살핀다. → 질문을 만든다.

이 순서대로 하면 됩니다. 5분 예습법은 영화의 예고편 같은 역할을 하는데요. 예고편을 보고 나면 주인공이 왜 그런 대사를 하고 행동을 하는지 무척 궁금해지고 기대감이 커지지요. 수업에서 무엇을 배우게 될지에 대한 궁금함, 내가 무엇을 알고 싶은지에 대한 기대감을 갖게 된다면 수업 시간의 몰입도가 높아지고, 성적도 자연스레 오를 수 있습니다.

공부에 관심 없는 우리 아이,
어떻게 할까요?

솔루션 하나, 숨어 있는 강점을 찾아주세요

아이에게도 좋고 싫은 것이 있다는 사실을 인정하는 것은 아이가 자신과는 다른 인격을 가진 존재라는 사실을 받아들이는 것입니다. 아이는 어느 때는 좋은 아이, 어느 때는 나쁜 아이가 되기도 합니다. 자신에게 언제나 좋은 아이로 있어야 한다고 생각하는 부모는, 아이가 독립적인 인격체라는 사실을 받아들이지 못한 상태입니다.

아이의 잠재력을 최대한 발현시키고 싶은 마음은 모든 부모가 마찬가지일 것입니다. 그렇다면 아이가 잠재력을 찾을 수 있도록 도와주는 방법은 무엇일까요? 우리 아이의 강점을 찾는 것입니다. 강점에서 출발하면 에너지가 최고조로 고양된 상태에서 어떤 일을 시작하게 되므로, 성공 확률이 높습니다. 바로 그것이 강점의 힘입니다. 부모가 어떤 색깔과 모양의 안경을 쓰고 있는가에 따라 아이의 행동이나 능력이 강점으로 보이기도 하고, 약점이자 개선해야 하는 부분으로 느껴지기도 합니다.

강점이 없는 아이는 없습니다. 누구나 타고난 재능이 있고, 자기만의 색깔이 있습니다. 수학이나 영어를 남보다 잘하는 것도 우리 아이의 강점일 수 있지만, 그보다 더 중요한 강점은 추진력이나 배려심, 포용력, 인내력일 수 있습니다. 아이가 천부적으로 타고난 재능을 찾아 그것을 더욱더 갈고 닦을 때 그 아이만의 진정한 잠재력이 발현됩니다. 이제 내 아이에게 없는 것, 부족한 것을 찾는 현미경에서 눈을 떼고, 내 아이만의 독특한 색깔이 있는 그대로 보이는 새 안경으로 바꾸는 일부터 시작해야 합니다.

솔루션 둘, 아이의 마음 키에 알맞은 기준을 제시해주세요

자녀의 성적이 떨어졌을 때는 "열심히 노력했는데 노력한 만큼 결과가 나오지 않아서 속상하지? 우리 함께 틀린 문제를 풀어볼까? 지난번 설명했을 때보다 더 잘 푸는 것 같은데?"라고 아이가 발전한 부분을 먼저 인정해주세요. 실수를 개선하는 경험을 지속적으로 해나가며, 아이의 자존감을 지켜주고 동기 부여를 줄 수 있도록 노력해야 합니다.

부모는 자녀의 실수를 성장통처럼 자연스러운 삶의 일부분으로 받아들이고 언제든 발생할 수 있는 일이라며 마음의 유연성을 지키도록 노력해야 합니다. 아이가 노력하고 있다는 모습을 격려해주고 다독인다면 자녀는 비로소 진정한 도약을 이루어낼 것입니다.

아울러 자녀의 결점을 책잡아서 나쁘게 말하는 대신 아이의 '마음 키'에 알맞은 기준을 제시해주세요. 부모는 아이의 미래에 대한 꿈과 희망을 제시하고 이에 대한 동기 부여와 단·중·장기적인 학습 계획을 안내하는 길잡이가 되어주어야 합니다.

아이의 심리나 상황, 행동 양태, 성격 특성, 주변 환경 등을 고려하고 아이의 내적 욕구에 관심을 기울여주세요. 아이를 무조건 통제하려고 하면 흥미나 관심의 대상이 좁아지고, 자칫 아이의 사고를 일정한 틀 안에 가두기 쉽습니다. 성격이나 학습 행동 양태 등에 따라 학습 동기도 제각각이라 학업 수행에 특별히 문제 되지 않는 범위에 있다면, 흥미의 대상을 넓혀 세상을 배워나갈 수 있도록 도와줍니다.

자기가 하는 일에 대해 뚜렷한 목표가 없거나 행동에 대한 동기부여가 약하기 때문에 공부하다가도 지겨우면 관심을 딴 곳으로 돌리게 됩니다. 스스로 공부하려는 마음, 즉 아이가 사물에 대해 흥미와 의욕을 갖고 학습하고자 하는 마음에 동기를 부여하는 것이 중요합니다. 이런 내적 동기를 지속시키기 위해서는 내용에 대한 호기심을 자극하도록 하는 학습 환경, 어떤 보상이나 성적과 같은 외적 자극이 함께 필요합니다. 이런 내적 동기는 아이들이 활동 그 자체에 즐거움을 느끼고 그것에 몰입하는 것으로서 의욕, 흥미, 호기심, 자발성 등과 관련이 있습니다.

공부에 대한 강한 압박과 이것으로 인해 야기되는 부담감, 모든 일을 완벽하게 처리해야 한다는 강박관념, 학습 시 긍정적인 결과보다는 실패 경험을 많이 한 경우 학습에 대한 부정적 자아 형성 등이 집중력을 저해시킵니다. TV 소리, 정돈되지 않는 방, 부모가 툭

하면 큰 소리로 이야기하거나 고함을 지르면서 화를 내는 조용하지 않은 집안 분위기 등 주위 환경도 부정적인 영향을 줍니다. 너무 피곤해서, 몸이 아파서, 배가 부르거나 고파서 등 신체 상태의 영향을 받는 경우에도 정신 집중이 잘 안 됩니다. 쓸데없는 공상, 친구들과 놀고 싶은 마음, 성적 불안, 부모의 지나친 기대 등도 마찬가지입니다. 공부에 대한 관심이 적어지지 않도록 도와줍니다.

수업에
집중하지 못하는
우리 아이

내적 힘 스스로 키우기

혁이는 6살이에요. 그런데 유치원에서 혼자만 착석하지 않고 돌아다닌대요. 5살까지는 담임 선생님이 이해해주셨는데, 6살 담임 선생님은 아이가 산만하다고 뭐라고 하시네요. 줄을 서서 순서를 지키지 않고 항상 먼저 하려고 한대요. 뛰어다녀서 넘어지기 일쑤고 숨거나 위험한 행동을 재미있어 하는 장난꾸러기에요. 새롭거나 재미를 느끼는 일에는 집중을 잘해요. 쉽게 싫증을 내고 오래가지는 못하지만요. 주의를 줘도 효과가 별로 없어요. 하고 싶은 것만 하고 흥미로운 것만 좋아하고 가만히 앉아 있기를 힘들어해요. 어떻게 해야 집중을 잘할 수 있을까요?

우리 아이 ADHD일까요?
ADD일까요?

ADHD(Attention Deficit Hyperactivity Disorder, 주의력결핍 과잉행동장애)는 학령 전기 또는 학령기에 가장 자주 나타나는 증상 중의 하나입니다. 충동성, 과잉행동, 사회성 부족, 인지 능력 결여, 학습 부진, 기억력 문제, 정서 조절 어려움, 낮은 자존감 등 다양한 모습이 나타납니다.

충동성이 있어서 행동하기 전에 생각해야 한다는 것을 알지 못하기 때문에, 생각이 떠오르는 순간 즉시 행동으로 옮깁니다. 상황에 알맞게 적정하게 생각과 행동을 조절하는 데 어려움이 있습니다. 수업 시간 중 돌아다니거나, 책상 위에 올라가거나, 다른 친구들의 물건을 만지거나, 선생님의 질문에 엉뚱한 대답을 하기도 하고, 자기가 하고 싶은 이야기만 하기도 합니다.

자기조절 능력이 부족하기 때문에 무엇을 해야 하는지 알지 못하는 게 아니라 알아도 할 수 없습니다. 스스로 생각대로 행동하거나 조절하기가 어렵습니다. 마음에 들지 않는 상황에 부딪히면 결과를 고려하지 못한 채 공격적인 행동을 하기도 합니다. 차분하게 생각하기 어렵기 때문에 부주의하고 실수를 하기도 합니다. 위험한 행동을 하고 스스로를 통제하지 못하기 때문에 차례를 기다리지 못하며 활동과정에서 순서를 기다리는 것에 어려움을 느낍니다. 이기려고만 하고 무조건 빨리 하려고만 하고 규칙을 지키지 않기도 합니다. 끊임없이 활동하고 가만히 있지 못하며 쉴 새 없이 움직이기도 합니다.

요즘에는 ADHD 증상을 보이는 아동 중에 과잉행동은 보이지 않는 경우도 있습니다. 이게 바로 ADD(Attention Deficit Disorder, 주의력결핍장애)입니다. ADD 증상을 보이는 아동은 충동적이거나 공격적인 행동을 하는 과잉행동은 없지만, 주의가 산만하고 집중을 잘 하지 못합니다. 집중을 유지하기 어렵기 때문에 멍하게 있는 것처럼 보이기도 하고 딴생각을 하고 있다고 오해를 받기도 합니다. 정서불안 및 아동의 학습에 많은 영향을 주는 증상입니다. 주요 증상으로는 주의력이 떨어지고, 늘 몸이 천천히 좀스럽게 계속 움직이고, 무기력한 모습을 보이기도 합니다. 지나치게 활발한 것은 아니지만 어딘가 불안정한 모습을 보입니다. 안절부절못하는 행동을 보이며, 의자에 앉아 있으면서 계속 책상을 두드리거나 책상 위의 물건을 만지작거리거나 손으로 꼼지락거리는 등 몸을 가만히 두지 못하는 모습을 보입니다.

유치원·학교에서 증상이
더 심해지는 것일까요?

집에서보다는 규칙적인 단체생활에서, 증상이 심해지는 것이 아니라 드러나는 경우가 많습니다. 그래서 유치원이나 학교 선생님 추천으로 센터에 오게 됩니다. 수업 중에 멍하니 공상에 빠져 있거나 물건을 자주 잃어버리기도 하고, 숙제를 안 하기보다는 끝내기가 어렵고… 문제는 이를 문제증상으로 보지 않고 '크면 나아지겠지.'라고 내버려두는 경우가 많다는 것입니다.

발병원인 중 하나로 뇌의 앞쪽 전두엽 속 신경전달물질 중 '도파민'의 활성도가 떨어진 이유가 있습니다. 이 전두엽은 주로 과잉반응을 억제하는 역할을 하는데, 주의력결핍 증상은 도파민의 활동이 떨어져서, 과잉반응이 억제되지 않고 집중력이 부족하거나, 집중력은 있으나 유지력이 짧거나, 산만하거나 충동적이고 규칙을 따르기 어렵거나, 조절 능력이 부족한 행동이 지속된다고 보고 있습니다.

3세 이전의 아이는 뇌가 미숙하며 자기중심적인 자신을 억제하거나 규칙을 따르는 능력이 충분히 발달하지 못합니다. 그러나 전두엽의 활동이 활성화되면 행동을 조절할 수 있는 힘이 생기게 됩니다. 그런데 이 기능이 활성화되지 못하면 심하게 떼를 쓰고, 진정시키려 해도 소리를 지르거나 때리거나 머리를 박거나 물건을 던지기도 합니다. 반항하거나 공격적인 행동으로 다른 사람을 힘들게 하거나, 화를 내거나 화를 나게 하고, 공격적인 행동을 보이기도 합니다.

아동기의 특성 중의 하나인 자기중심적인 성향이 너무 강해서 또래 친구들보다 더 어리게 자기중심적으로 행동합니다. 또래 친구들이 관심을 갖는 부분에 대해서는 큰 관심을 보이지 않기도 합니다. 조절 능력이 결여되어 있어서 지나치게 많은 말을 하기도 합니다. 상황을 통제하려 하는 요구에 쉽게 싫증내며 잘 적응하지 못하고 금방 포기해버리기도 합니다. 친구들과의 관계에서 어떤 상황인지 내가 어떻게 말하고 행동할지 잘 모른 채 갑자기 뛰어들어 이야기를 시작합니다. 친구들이 보내는 신호가 좋아하는 반응인지 싫어하는 반응인지 판단하기 어렵습니다. 자신이 생각했던 대로 주변에서 받아들여지지 않는 경우, 상황 판단력이 부족해서 지금 왜 그런지 상황을 받아들이거나 이해하기 어려워하고, 자존감이 떨어집니다.

집중력이 짧은 우리 아이, 어떻게 할까요?

솔루션 하나, 한 번에 한 가지씩 구체적으로 부드럽지만 단호하게 알려주세요

집중력이 짧은 아이에게는 반드시 한 번에 한 가지씩 나누어서 지

시해주세요. 여러 작은 단계를 나누어서 한 번에 한 가지씩 실천하는 연습을 꾸준히 해주세요. 타이머를 활용해서 제한시간을 두고 제한시간을 미리 정확히 알려줍니다. 아이가 지시를 제대로 들을 만한 상황인지, 다른 장난감이나 다른 활동에 몰입해 있는지 확인해주세요. 여러 번 반복해서 말할 필요는 없지만, 아이가 정확히 이해했는지 확인해주세요.

솔루션 둘, 아이의 행동에 바로 반응하고 긍정적인 동기 부여를 해주세요

아이의 행동에 바로 반응해주세요. 아이가 스스로 해내고 약속을 잘 지키는 행동을 했을 경우에는 아낌없는 칭찬과 격려를 해주세요. "우와~ 오늘 우리 찬이가 일찍 일어나서 미리 가방을 챙겨놓은 덕분에 늦지 않게 갈 수 있겠구나. 정말 대견하고 자랑스러워."

예를 들어서 아이가 한 달간 자기 책가방을 혼자 챙기기로 한 약속을 잘 지켰다면 가고 싶어 했던 놀이동산에 데려가주세요. 늦게까지 자지 않아도 된다든가, 간단한 요리를 직접 만들어보도록 허락해주는 등 아이가 좋아하는 일은 모두 즐거운 보상이 됩니다. 아이가 평상시에 무엇을 즐기고 있는지 지켜보면 자녀 교육에 효과적인 상을 선택할 수 있습니다. 혼자 하는 행동보다는 부모와 함께하는 행동으로 보상해보세요. 하지만 보상의 내용이 항상 같다면 곧 그 효력이 줄어듭니다.

아이가 바람직하지 않은 행동을 하거나 약속을 제대로 지키지

못한 경우에는 적절한 대가를 치르는 것도 필요합니다. 이를 위해서는 부모가 항상 서로 의견이 일치되고 일관된 기준을 가지고 있어야 효과적입니다.

 양소영 원장의 마음 들여다보기

마음을 제대로 읽어주고 행동을 조절하도록 도와주는 것이 가장 중요합니다. 아이 마음만 읽어주면 아이는 자기감정을 잘 다스리지 못하고, 각종 스트레스 상황에서 "못하겠어요." "안 할래요." "그만할래요."라는 말을 자주 하게 됩니다. 아이의 마음을 읽어주지 않고 통제만 한 경우 아이들은 자발적인 자기감정의 욕구나 동기가 사라지게 됩니다.

조급하게 뭔가 하려 하지 말고, 일단 아이의 말을 잘 들어주세요. 말을 안 끊고 들어만 줘도 많은 것을 하는 겁니다. 토 달지 말고 들어주세요. 그리고 "아~ 그랬구나~"라고 말해주세요. 하루에 15분씩 투자하세요.

아이의 마음을 있는 그대로 인정하며 행동은 잘 통제해야 합니다. 화나고 슬프고 서럽고 실망스럽고 억울한 마음을 인정해줍니다. 마음을 인정해주되 그것을 풀어줘야 하는 책임을 지지는 않습니다. 5~6세 정도의 아이라면 부모님이 옆에 있어주면서 마음을 말하면 들어주고 등을 토닥토닥 두드려주며 안아줍니다. 그러면서 아이는 마음을 진정하고 조절하는 방법을 아이는 배울 수 있게 됩니다.

초등학교에 다니는 아이가 수학 숙제는 얼른 끝내고 국어 받아쓰기 숙제는 몸을 비비 꼬며 하품을 하고 힘들어할 때는 "우리 아들 받아쓰기가 어렵구나."라고 합니다. 이럴 때 부모가 "받아쓰기를 잘해야 국어를 잘할 수 있어."라고 말하면 문제는 해결되지 않습니다. "아빠도 받아쓰기 되게 싫어했어. 받침 쓰기가 너무 어렵지? 그런데 네가 내일 학교 가서 받아쓰기 시험 보려면 이거 다 쓸 줄 알아야 하는데 어떻게 하면 좋을까?"라고 단호하게 이야기합니다. 화를 내거나 짜증 섞인 말투가 아니라 힘이 실린 톤과 분명하고 낮게 말하는 어조가 좋습니다.

그리고 어떻게 행동할지 구체적 방법들을 아이와 함께 이야기해봐야 합니다. 분량을 줄여서 한쪽만이라도 확실하게 숙지해가는 방법을 생각해보고 함께 실천합니다. 하루 15분이라도 시간을 내 아이의 마음과 행동에 관심을 기울인다면 아이는 집중력이 향상되고 자기감정과 충동성을 조절할 수 있습니다.

아무런 재능이
없어 보이는
우리 아이

다양한 자극으로 일깨우기

6살이 된 우리 아이에게 이것저것 시켜보고 싶어요. 그런데 수영도 싫다, 태권도도 싫다, 축구도 싫다, 피아노도 싫다, 영어도 싫다, 뭐든지 새로운 것은 하지 않으려고 하고, 조금만 하면 싫증을 내고 집에만 있으려고 해요. '옥토넛'에 나오는 물고기에만 관심을 가지고 물고기 책만 모아요. 물고기가 나오는 책들은 정말 열심히 읽어서 물고기 이름들은 줄줄이 다 외우고 있어요. 다른 책들은 안 읽고 자꾸만 물고기가 나온 책들만 반복해서 읽어서 걱정되기도 해요. 이것저것 다 하기 싫어하는 우리 아이는 재능이 하나도 없는 걸까요? 아이가 정말 잘할 수 있는 재능을 키워주고 싶은데, 어떤 게 우리 아이에게 가장 잘 맞을까요?

아이마다 강점과
약점이 달라요

아이마다 유전적으로 타고난 강점과 약점이 있습니다. 감각추구형 아이의 강점은 새로운 것을 탐색하고 상황에 따라 융통성 있게 대처하기를 좋아한다는 것입니다. 낯선 상황이나 장소를 탐색하는 데 흥미를 느낍니다. 새로운 생각이나 활동에 쉽게 빠져들고 스릴과 흥분, 모험을 즐깁니다. 단조로운 것에 금방 싫증을 느끼며, 반복적인 일상을 피해 변화를 추구합니다. 성향이 급하고 쉽게 흥분하며, 탐색적이고 호기심이 많으며, 충동적이고 열정적이면서도 자유분방한 성향입니다. 약점은 욕구가 좌절될 때 쉽게 화를 내거나 의욕을 잃기도 합니다. 불편한 상황을 잘 견디지 못하고 자신이 원하는 것을 바로 얻기를 원합니다. 정해진 규칙에 따라 행동하는 것을 좋아하지 않으며, 엄격한 규칙이나 규제가 없는 활동을 더 좋아합니다. 감정 변화도 많고 흥분하기 쉬워 성급하게 결정을 내리기도 합니다. 가끔 주의가 산만하며, 한 가지 일에 오랫동안 주의를 집중하기 힘들어하기도 합니다.

안전추구형 아이는 신중하게 오랜 시간을 두고 여러모로 생각하며, 분석적이고 조직적이고 체계적이며, 규칙이 있는 활동을 더 좋아합니다. 좌절을 참고 견디며 한 가지 일에 오랫동안 집중할 수 있으며, 인내심이 크다는 강점이 있습니다. 상세한 정보를 수집하고 세밀하게 분석하고 결정합니다. 약점은 새로운 자극에 대한 흥미가 별로 없습니다. 익숙한 것을 더 편하게 느끼고, 새로운 자극을 받아들이기 힘들어하는 모습을 보입니다. 색다른 자극에 대해서 큰 흥미를 느끼지 않습니다. 이들은 탐색을 통해 새로운 즐거움을 찾기보다는 익숙한 장소나 사람, 상황에서 안정감을 느끼며, 새로운 생각이나 활동으로 변화하는 것을 불편해합니다.

지식추구형 아이의 강점은 창의적이고 참신한 생각을 하는 것입니다. 새로운 발견과 탐구, 자연이나 사물의 원리나 법칙에 대한 관심이 많습니다. 궁금한 것이 있으면 꼭 알아야 하고, 연달아 질문하기도 합니다. 약점은 자기가 좋아하거나 관심 있는 것에만 빠져들기 때문에 친구의 필요성을 잘 느끼지 못합니다. 자신의 감정을 쉽게 표현하지 않고 다른 사람의 감정을 제대로 눈치채지 못해 남의 기분을 상하게 하기도 합니다.

가치추구형 아이는 마음이 착하고 따뜻하며, 항상 누군가와 좋은 관계를 맺고 싶어 합니다. 다른 사람의 감정에 민감하며, 이상주의적인 성향을 지니고 있습니다. 다른 사람들과의 관계에서 갈등이 생기는 상황에 예민하고, 경쟁보다는 조화로운 상황을 더 좋아합니다. 사람들과 서로 잘 어울리는 관계를 좋아하고 사람들과 잘 어울리지 못하면 동식물에 빠져들기도 합니다.

기질과 성향에 따라
재능이 달라요

아이의 강점지능을 잘 성장시키고 약점을 보완해서 뛰어난 인재로 키우는 일도 중요합니다. 그러나 네트워크로 촘촘하게 연결된 미래 사회에서는 감수성을 가진 정서지능이 높은 아이로 키우는 게 더 중요합니다.

첫 번째, 감각추구형 아이는 구속되거나 속박당하는 것을 싫어하고 상황에 따라 융통성 있게 대처하기를 좋아합니다. 따뜻한 카리스마가 있는 리더 스타일로, 유머감각이 있고, 말을 잘하고 영리하고 용기 있고 순발력이 있습니다. 이를 활용할 수 있는 사람을 대상으로 하는 서비스 관련 직업, 방송, 관광 가이드, 연기자·가수 등의 엔터테인먼트, 기계, 자동차, 항공산업, 자동차, 설비 등과 같은 직업에서 재능을 보입니다.

두 번째, 안전추구형 아이는 신중하고 논리적인 사고를 바탕으로 완벽하게 일을 처리하는 것을 좋아하기 때문에, 직장생활을 할 때도 리더보다는 돕는 역할이 어울립니다. 규범을 중시해 남을 가르치거나 사실적인 측면을 다루는 분야에서 재능을 발휘합니다. 의사, 약사, 사무직, 비서, 세무사, 교사, 대학교수, 회계사, 법무사, 역사가 등과 같은 직업에서 재능을 보입니다.

세 번째, 지식추구형 아이는 새로운 모델을 개발하고 아이디어를 만들어내고 시스템을 구축하는 것을 즐깁니다. 다양한 종류의 물건을 수집하거나 전문적인 기록과 분류가 필요한 일에 흥미를 느끼기 때문에, 과학적인 원칙을 개발하고 응용하거나 논리적으로 분석하는 분야를 좋아합니다. 엔지니어링, 수학, 과학, 공학, 의학, 논리학, 디자인, 재무분석 등의 직업에서 재능을 보입니다.

네 번째, 가치추구형 아이는 다른 사람들을 보살펴주기를 좋아하기 때문에, 사람들과 함께 어울려 지내는 일에 관심이 많습니다. 자아실현에 대한 욕구가 높으며, 경쟁하는 것보다는 협력하는 것을 더 선호하고, '사람 관계'를 중시하는 분야의 일을 할 때 재능이 크게 발휘됩니다. 사람들과 더불어 살아가면서 의사소통의 기회가 많은 문과 계통의 학문이 더 적합하며, 사람들과의 상호작용이 활발하게 이루어지는 심리학, 교육학, 사회복지, 경영학, 연극 영화학, 관광 등과 같은 직업에서 재능을 보입니다.

우리 아이만의 강점과 재능을 키워주려면 어떻게 해야 할까요?

솔루션 하나, 감각추구형 아이라면 이렇게 해주세요

감각추구형 아이는 자신이 어떤 행동을 한 뒤에 확실한 대가나 보상이 있을 때 훨씬 더 집중합니다. 자기가 하고 싶은 것을 충분히

할 수 있게 해주어야 비로소 자기가 소중하게 대접받는다는 생각을 하고 부모의 말도 더 잘 따릅니다. 약속은 반드시 지키게 합니다. 공부가 끝난 뒤에는 하고 싶은 일을 자기 스스로 알아서 할 수 있도록 미리 정해둡니다. 혼자서 하는 활동보다는 가족들과 함께 즐길 수 있는 활동으로 상의해서 정해두는 것도 좋습니다.

솔루션 둘, 안전추구형 아이라면 이렇게 해주세요

안전추구형 아이는 수준을 확실하게 알아야 합니다. 자신이 해결해야 할 일을 제대로 하지 못하거나 주변 사람들의 기대에 미치지 못했다고 생각하거나 누군가로부터 지적을 받으면 자신감을 잃고 위축됩니다. 누군가에게서 칭찬을 받지 못하리라는 생각이 들면 시작도 하지 않으려고 합니다.

성과에 대한 구체적인 칭찬을 좋아하기 때문에 성과를 올렸을 때는 "어머나, 어쩜 시간 안에 정확하게 해냈네. 이렇게 열심히 해내다니 정말 놀랍구나." 등 격려의 말과 칭찬스티커 같은 것을 활용하면 좋습니다.

솔루션 셋, 지식추구형 아이라면 이렇게 해주세요

지식추구형 아이는 지적 호기심이 강해서 관심을 북돋아주는 것이 중요합니다. 자신의 능력을 확인하고 싶어 하기 때문에 "이 부분은 매우 창의적이나, 이런 점은 개선해야 할 것 같다."라며 정확하고

객관적으로 분석해서 설명해주는 것을 좋아합니다. 아이가 관심을 갖는 활동은 능동적으로 참여하게 해주세요.

솔루션 넷, 가치추구형 아이라면 이렇게 해주세요

가치추구형 아이는 사람을 가장 중요하게 생각하며, 감수성과 상상력이 풍부합니다. 조별토론이나 발표식 수업 등 적극적인 참여와 나눔의 기회에서 상상력을 최대한 발휘하며, 좋아하는 친구들과 긍정적인 상호작용을 충분히 주고받을 때 재능이 눈에 띄게 향상됩니다.

 양소영 원장의 마음 들여다보기

우리 아이들에게는 모두 저마다의 재능이 있습니다. 아이들의 강점은 유전적으로 타고나기도 하고 환경적으로 길러지기도 합니다. 부모가 있는 그대로의 아이 모습을 알아봐주고 아이의 기질과 성향에 맞게 이끌어주면, 아이는 저마다의 잠재능력을 발휘해서 놀랍게 성장합니다.

감각추구형 아이는 상황파악은 빠르고 정확하지만, 체계적으로 계획을 수립하거나 전반적인 상황을 조화롭고 자연스럽게 보면서 일을 진행하는 능력은 조금 부족합니다. 일을 잘 벌이기는 하지만 마무리가 잘 안 되기도 합니다. 규칙을 벗어나 내가 하고 싶은 대로 행동하고자 하는 성향이 있습니다. 기분에 따른 행동을 피하고 계획에 따라 움직이는 노력이 필요합니다.

안전추구형 아이는 꼼꼼하고 신중하고 섬세하고 성실하지만, 새로운 사람, 새로운 일, 새로운 환경을 낯설고 두려워하기도 합니다. 분명하고 확실해야만 일을 시작하려고 하기 때문에 새로운 일을 시작하는 데 어려움을 느낄 수 있습니다. 지나치게 관습을 중요시해서 현실에 안주하고, 도전하거나 경험하고자 하는 태도를 보이지 않기도 하므로 새로운 시도와 변화에 관심을 기울이는 경험이 필요합니다.

지식추구형 아이는 집중력과 창의성이 뛰어나지만, 지나치게 자신의 관심에만 중점을 두어서 다른 사람과의 관계에서 어려움을 경험할 수 있습니다. 주변 사람의 의견에 귀를 기울이고, 정서적인 부분도 중요하게 생각할 수 있게 노력해야 합니다.

가치추구형 아이는 따뜻하고 관계지향적이지만, 지나치게 이상적이어서 다른 사람으로부터 인정받으려는 욕구가 과해지기도 합니다. 너무 완벽해지려고 하기보다는 현실적으로 꼭 해야 할 일에 대해서 생각하고 객관적인 정보도 중요하게 여기고 판단하는 노력이 필요합니다.

여자아이를
무시하는
우리 아이

올바른 성 가치관 형성하기

초등학교 3학년 주원이의 엄마는 초등학교 교사입니다. 3학년을 담당하는데 3~4학년 아이들이 '메갈녀(여성주의 사이트 메갈리아 이용자를 폄하해 부르는 말)' '한남유충(남자아동을 비하하는 말)' 등과 같은 혐오 표현을 사용하며 싸우는 것을 보고 깜짝 놀랐어요. 아이들에게 그런 말을 어떻게 아느냐고 물어보니 "인터넷 영상에서 들었어요. 우리끼리는 장난으로 많이 써요."라고 답해서 얼마나 큰 충격을 받았는지 몰라요. 그런 못된 말을 왜 쓰냐고 나무라자 학생들은 "화가 나서 내가 아는 가장 심한 욕을 했다."라며 반성했지만 학생들이 무분별하게 따라 하면서 혐오 표현이 유행어처럼 자리 잡은 것 같아 걱정이 큽니다. 그런데 제 아들도 남학생들끼리 게임을 하다가 알게 된 여성 비하 단어를 교실에서 마구 쓴다고 해요. 놀림받은 여자아이가 학교 다니기 싫다고 했다고 합니다. 우리 아이, 어떡하면 좋을까요?

성차별적 표현들, 교실이 흔들려요

초등학생들의 성 평등 인식은 과연 어떨까요? 교실에서는 어떤 성 차별적 언어 표현이 사용되고 있을까요? 이러한 궁금증을 안고 마주한 초등학교에서 아이들의 충격적인 언어 사용 실태가 낱낱이 드러났습니다. 일상에서의 성 고정관념과 차별은 아이들이 사용하고 있는 언어에 그대로 반영되고 있었습니다. 성차별적 언어의 문제는 우리 사회 모든 쟁점과 맞닿아 있습니다. 특히 특정 성에 대한 혐오와 비난으로까지 파생되면서 아직은 미성숙한 아이들에게 더 큰 문제로 작용하고 있습니다.

　요즘 아이들은 어릴 때부터 유튜브, 아프리카TV 등 1인 미디어를 일상적으로 접하기 때문에 인터넷 방송인(BJ), 유튜버와 같은 개인방송 업로더 등으로부터 성차별적 언어 표현을 쉽게 습득합니다. 초등학생들은 공공연하게 교실 안에서 '○○녀' '맘충' '꽃뱀' '한남충' '느금마(너희 어머니)' '느개비(너희 아버지)'라는 단어를 사용하기도 합니다. 하지만 이러한 용어들의 정확한 뜻조차 모르고 사용하는 아이들이 대부분입니다.

전국교직원노동조합 여성위원회가 전국 유치원과 초중고 교사 636명을 대상으로 실시한 '성평등 인식 실태 조사'에서 성희롱 피해를 입었다는 초등학교 교사 중 학생으로부터 당했다는 응답자가 19.1%로 나타났습니다. 여학생과 여교사를 향한 성적 폭력은 중고생만의 문제가 아닙니다. 교육부가 전국 초중고생 4만 3,211명(초등 1만 8,854명)과 교사 6,714명을 대상으로 조사해 발표한 학교 성폭력 실태 조사 결과, 응답자 중 성추행·성희롱·성폭행 등 성폭력 피해를 입었다고 답한 초등학생 비율은 2.1%(약 396명)였습니다. 중학생(1.4%), 고등학생(1.9%)보다 높은 수치입니다. 피해 초등학생의 73.5%는 같은 학교 같은 학년의 또래에게 성희롱을 당했다고 답했습니다. 자신이 성폭력을 행사했다는 초등학생도 300명(1.6%)이 넘었습니다.

양성평등 교육은
전 생애 연령대에 필요해요

초등학생들의 말과 행동이 그렇게까지 성적이겠느냐는 시각도 물론 있습니다. 실제로 문제언행을 하는 학생이나 피해를 입은 학생들 모두 심각하게 보지 않고 넘기는 경우가 많습니다. 최근 초등학생을 대상으로 한 성평등 교육에 대한 관심이 높습니다. 학부모나 학교가 자체적으로 성평등 강사나 관련 강의를 진행할 수 있는 선생님을 초청해 강의하는 경우가 많습니다. 앞으로도 성평등 교육에 대한 관심이 높아질 것으로 보입니다.

유아기에는 흉내 내기 및 따라 하기가 유아들의 주요 학습 전략입니다. 그러므로 유아기에는 주변에서 보이는 대로 성 역할을 그대로 따라 할 가능성이 높습니다. 성인들의 이분법적 성 역할 고정관념을 무비판적으로 수용하기 쉬운 시기입니다. 양육과 사회화 과정에서 부모와 교사가 가장 큰 영향력을 발휘합니다. 아동기에는 가정과 학교에서 체험하는 성 역할이 서로 다른 경우, 전통적 성 역할에 대해 의문을 제기하기도 합니다.

청소년기는 성평등 의식 수준에서 남녀간 격차가 발생되는 시기로, 성별 분업의 현실 속에서 진로 선택을 고민합니다. 청년기에는 한 개인으로의 독립과정에서 부모와 성 역할 갈등을 경험하는 시기입니다. 한편 성인기가 되며 결혼을 한 경우 부부간의 가사 분담과 양육으로 인한 갈등을 경험합니다. 특히 여성의 경우 결혼, 출산, 양육으로 인한 경력단절의 위기를 맞게 됩니다.

성인 후기에는 조기 퇴직과 성장한 자녀가 결혼 및 취업으로 가정을 떠남으로 빈둥지증후군으로 인한 심리적 갈등을 겪게 되며, 부부의 성 역할 조정이 시작되는 시기입니다. 노인기에는 은퇴로 인해 가정에 복귀함으로, 특히 남성의 경우 새로운 성 역할에 적응해야 하는 어려움을 겪습니다. 한편 가정의 어른으로서 전통적 성 역할과 남아선호 사상을 후손들에게 강조함으로써 양성불평등을 고착화시키는 역할을 담당하게 될 수도 있습니다.

청소년 시기 양성평등 교육은
올바른 성 역할 정체감 형성에 중요해요

청소년기의 가장 큰 과제는 진로 및 직업 선택이며, 따라서 양성평등 교육은 올바른 성 역할 정체감 형성과 진로지도에 강조점을 두어야 합니다. 다양한 매체를 활용해 학교의 전 과정에서 자연스럽게 학교생활 속의 양성평등이 이루어지도록 '학교'와 연계된 양성평등 교육이 되어야 합니다.

청소년들은 대부분의 시간을 학교에서 보냅니다. 이 시기는 발달단계상 신체적, 지적, 정서적 '배움의 시기'입니다. 이런 배움은 주로 학교라는 공간을 통해 이루어지므로 학교가 차지하는 비중은 큽니다. 양성평등을 의식의 측면에서 주입식으로 접근하기보다는 생활 속에 파고드는 교육방법이 필요합니다. 예를 들어 진학지도, 놀이방식, 체육시간, 반장선거, 특별활동 등의 학교생활에서 양성평등 개념 자체를 어려워하기 때문에 학교 교육과정 속에서 어떻게 실천되는가를 보여주는 것이 더 효과적입니다.

이 시기의 학생들은 영상매체 및 컴퓨터와 매우 친숙하므로, 교육방법에 있어서 광고, 영화 영상매제 등을 이용한 양성평등 교육이 그 무엇보다도 유용합니다. 교육인적자원부에서 남녀 청소년의 성 역할 정체감과 양성평등 의식을 조사한 결과 성별에 따른 성 역할 정체감은 남녀 학생 모두 양성성이 높게 나왔습니다. 그러나 상대적으로 남학생이 전통적인 성 역할 의식에서 크게 벗어나지 못하는 반면 여학생은 성 역할에 대한 고정관념에서 상당히 벗어난 것으로 보입니다. 따라서 학교에서 남학생을 대상으로 양성평등 의식을 교육함으로써 이러한 인식의 차이를 줄이기 위해 노력해야 합니다.

어머니가 40세 미만이거나 전업주부이고 가정의 중대사를 아버지가 결정하는 경우 남학생의 성 역할 정체감이 높았으며, 남녀별로 유의한 차가 있었습니다. 이는 남성중심적이고 성 역할에 대한 고정관념과 편견이 도덕윤리로 자리 잡아온 부모의 의식이 남학생의 자아 정체감 형성에 영향을 미쳐 나타난 결과로 생각됩니다. 남학생의 성 역할 정체감은 고등학생이 중학생보다 점수가 높았는데 이는 학교 급이 높아질수록 남학생의 성 역할 정체감이 여학생보다 더 빨리 완성되어감을 알 수 있습니다.

부모의 학력에 따른 여학생의 성 역할 정체감은 부모의 학력이 중졸 이하인 경우와 고졸인 경우에 유의한 차이가 있었습니다. 이는 학력이 낮은 사람일수록 자신만의 성 역할 정체감이 고정되어 변화하지 않으며 학력이 높아질수록 교육적 경험에 의해 성 역할 고정관념이 변화한 것으로 여겨집니다.

올바른 성 가치관 형성을 위해 어떻게 해야 할까요?

솔루션 하나, 아동 청소년을 위한 양성평등 교육이 필요해요

양성평등의 기본이념(남녀 모두 평등)을 이해하고 긍정적으로 수용할 수 있도록 남녀가 일상생활 속에서 경험하는 불평등을 이해해야 합니다. 직업 선택은 성별로 좌우되기보다는 내가 잘 할 수 있고, 하고 싶은 분야로 계획합니다. 평소 남자 또는 여자로서 생활하는 데 불편하다고 느꼈던 경험, 남녀가 느끼는 불평등, 차별 경험 등을 서로 이야기해봅니다. 남자에게도, 여자에게도 불평등의 경험이 존재합니다. 또 이러한 차이는 사회적 환경(불평등한 제도와 관습)에 의한 결과임을 알려줍니다.

성 인지 능력은 3가지 요소로 구성됩니다. 의지(will), 지식(know), 실천력(can)입니다. 양성평등 교육은 성 인지 능력의 세 요소의 전체 과정을, 다르게 표현하면 3H(Heart, Head, Hand)를 통합시키는 과정입니다. 양성불평등한 현실을 심정적으로 강하게 느끼고, 양

성평등의 필요성을 절감하며, 이를 실현하기 위한 지식을 획득해 행동으로 실천하기까지, 삶에 변화를 가져오는 전 과정을 포함하는 교육입니다.

솔루션 둘, 부모 자녀 간의 상호작용이 양성평등 의식을 높여요

여학생의 성 역할 정체감은 부모가 매일 1회 이상 안아주는 학생이 그렇지 않은 학생들보다 높게 나타났습니다. 이는 성 역할 사회화 과정은 일차적으로 가정 내에서 부모 자녀 간의 상호작용에 의한 인간의 행동 양식을 학습함으로써 이루어짐을 의미합니다. 따라서 청소년의 올바른 성 역할 정체감을 형성시키기 위해 학부모를 대상으로 한 교육이 필요합니다.

아버지의 학력이 높을수록 남학생의 양성평등 의식이 높았고, 아버지의 학력이 중졸 이하거나 대졸 이상인 경우 여학생의 양성평등 의식이 높았습니다. 또한 여학생의 경우 어머니가 매일 1회 이상 안아주는 학생과 가족의 중대사 결정 시 부부가 합의해 결정한다고 응답한 학생의 양성평등 의식이 높았습니다. 부부가 서로 존중하는 가정의 학생과 가정에서 부모의 사랑과 관심을 많이 받은 학생이 양성평등 의식이 높음을 알 수 있습니다. 이는 가정 내에서의 부모의 역할과 행동이 청소년들의 양성평등 의식에 영향을 준다는 것을 나타냅니다. 가정에서의 부모의 애정과 관심이 청소년의 성 역할 정체감과 양성평등 의식 형성에 영향을 미칩니다. 학

교에서의 체계적이고 구체적인 교육과정과 가정에서 양성의 조화로움이 추구될 수 있도록 학부모 대상의 사회적 교육이 실시되어야 합니다.

생애주기별 양성평등 교육은 유아기, 아동기, 청소년기, 청년기에 일어나는 변화에 초점을 두고 연구해온 발달심리 관점에서 더 나아가 성인기와 노인기도 포함시키는 전 생애 발달의 관점에서 접근합니다. 성인기와 노인기 역시 변화가 지속되는 시기이고, 성 역할은 생애주기의 단계에 따라 변화한다고 보는 관점이 매우 중요합니다. 생애주기별 양성평등 교육은 유아기, 아동기, 청소년기, 청년기, 성인기, 노인기를 살아가는 전 생애 동안 올바른 성 역할 의식 발달을 지지하고, 일상생활 속에서 자연스럽게 양성평등이 실현될 수 있도록 돕는 것이 궁극적 목표입니다.

양소영 원장의 마음 들여다보기

양성평등 실천을 촉진하는 생각들을 행동으로 옮겨보세요. 예를 들면 가정생활에서의 양성평등 실천을 교육목표로 하고 '가족이 함께 만들어가는 행복'이라는 주제로 양성평등 교육을 한다면 어떨까요? '성차별이 일어나는 상황'을 언급하고, 이를 성평등한 가정으로 변화시키기 위해서 각 가족 구성원이 어떻게 해야 하는지 답을 찾아가는 방식이 효과적입니다.

양성평등 교육을 할 때는 토론, 게임, 비디오 보기 등 다양한 매체를 활용하는 것이 좋습니다. 강좌, 세미나, 토론, 사례 발표, 영화, 연극, 워크숍, 캠페인 등의 참여와 휠용도 다양하게 사용할 수 있는 방법입니다. TV, 라디오, 인터넷 방송을 이용한 공익광고, 다큐멘터리, 양성평등 의식개선 프로그램 등은 파급 효과가 큰 방법입니다. 주 5일 근무의 정착으로 주말을 이용한 가족대상 양성평등 워크숍 또는 부부 세미나도 활용하기 좋은 교육 형태입니다.

행복은 남성과 여성이 함께 노력해서 이룰 수 있습니다. 여자나 남자 모두 능력과 적성에 맞는 직업을 찾아야 합니다. 남녀가 똑같이 일을 하는 경우 임금, 승진의 기회도 동등하게 주어져야 합니다. 양성평등 교육과 실천은 전 생애 연령대에 지속적으로 필요합니다.

친구들과의 교류를 통해 아이는

집에서와는 다른 자아상을 갖습니다.

아이가 스스로 가치 있는 사람이라고 느낄 수 있고,

괴롭히던 아이들이라도 화해하고 용서하고

친한 친구로 관계가 회복되어지는 경험을 하게 된다면

아이의 자신감 고취에 많은 도움이 됩니다.

형제자매와 자꾸만 싸우는 우리 아이: 스스로 해결할 수 있게 지켜보기

아빠의 애정에 힘들어하는 우리 아이: 자기 연민에서 벗어나기

부모의 양육관 차이로 갈팡질팡하는 우리 아이: 서로를 이해하기

사춘기로 힘들어하는 우리 아이: 잠깐 멈추고 대화하기

너무 다른 쌍둥이인 우리 아이: 각자의 개성 존중해주기

6장

상처 주지 않고 우리 아이 가족관계 이해하기

형제자매와
자꾸만 싸우는
우리 아이

스스로 해결할 수 있게 지켜보기

저는 초등학교 3학년 현수와 초등학교 1학년 민수의 엄마입니다. 요즘 현수가 동생이 자기 물건을 건드렸다고 동생을 때리고 몸을 밀치기까지 하더라고요. 현수에게 "네가 형이니까 참아야지." 하고 말하면 "엄마는 민수만 좋아해."라며 섭섭해합니다. 아이를 함께 앉혀 놓고 야단치면 둘 다 '동생 때문에' '형 때문에' 혼났다고 생각해서 감정이 더 쌓이는 거 같아요. 아이들은 싸우면서 큰다고 하지만 사소한 일로 다툼이 빈번해서 속상해요. 아이들이 별일 아닌 것에도 서로 경쟁하는 일상이 매일 반복되어서 집이 전쟁터같이 느껴집니다. 형제간에 우애 있게 키우려면 어떻게 해야 할까요?

우리 아이들
왜 자꾸 싸울까요?

두 아이를 키우는 부모라면 아이들의 다툼에 난감한 적이 많을 것입니다. 특히 동생을 둔 형이나 언니는 엄마 아빠를 빼앗긴 질투심에 동생을 더욱 못살게 굴기도 합니다. "형이 때렸다." "동생이 대들었다."라고 말하는 아이들에게 "네가 형이니까 참아라." "동생이 대들면 못써."라고 말하는 것도 한두 번이지요. 부모들은 반복되는 아이들의 싸움에 지칠 수밖에 없습니다. 하지만 이 모든 것도 다 성장과정입니다. 형제자매만큼 가장 가까운 친구가 어디 있을까요. 부모가 중간 역할을 잘해주면 아이들은 서로를 이해하고 우애 있게 자랄 것입니다.

일반적으로 아이들은 부모님이 누나만 좋아하거나 오빠만 좋아한다고 생각합니다. 동생을 둔 아이들 역시 부모님은 동생만 좋아한다고 말하곤 하지요. 이처럼 가끔은 너무 화가 나고 아무도 나를 알아주는 것 같지 않을 때, 아이들에게는 심한 욕설이나 몸싸움 등 공격적인 행동을 하기도 합니다. 아이들이 보이는 공격적인 행동은 부모와 자녀의 상호관계가 매우 밀접하게 연관되어 있습니다. 평소에는 아이에게 큰 관심을 보이지 않다가 아이가 서로 다툴 때 관심을 보이면 아이는 부모의 관심을 끌기 위해 공격적인 성향을 보일 수 있습니다.

누구나 화를 참을 수 없는 순간이 있습니다. 동생과 다퉈서, 누나와 다퉈서, 오빠와 다퉈서 속상한 마음을 엄마에게 말했는데 엄마가 오히려 "네가 뭘 잘못했겠지." 하며 동생 편을 들거나 "네가 첫째니까 양보해야지."라고 하면 아이들은 부당함과 억울한 마음을 느끼게 됩니다. 또한 아이가 스스로 차별 대우를 받고 있다고 느끼거나 부모가 아이에게 신체적인 처벌을 많이 하는 경우에 공격성이 나타나기도 합니다.

부모의 편애가 형제자매 간의 갈등을 심화시킬 수 있습니다. 큰 아이의 경우 첫째로서 책임감을 느끼고 인정받고 싶은 욕구가 생기는데, 이를 부모가 받아주지 않으면 어린아이처럼 행동하고 동생을 괴롭힐 수 있습니다. 그러므로 동생을 편애하는 태도가 아닌 공정하고 올바른 양육 태도로 형제자매끼리 사이좋게 지낼 수 있도록 해야 합니다. 특히 형제자매가 서로 다른 인격체라는 것을 인정해주면서 서로를 비교하지 않아야 합니다.

아이들이 심한 욕설과 몸싸움을 하게 되는 상황은 언제일까요?

첫째, 아이들은 자신의 욕구와 사랑이 충족되지 않을 때 부모에게 분노를 느끼게 됩니다. 형제자매들은 쌍둥이라 하더라도 서로 다른 욕구를 지녔기 때문에 자신의 욕구가 충족되지 않거나 무시당한다고 느낄 때 분노를 느낍니다. 욕구 중에서도 사랑의 욕구가 분노에 큰 영향을 미치는데, 자신이 부모님에게 관심받고 부모님을 독차지하고 싶은 욕구에서 형제자매와 서로 충돌할 때 분노의 분출이 가장 빈번하게 일어납니다.

둘째, 언어적 모욕이나 위협, 신체적인 공격, 내가 하고 싶은 행동을 방해받는 것, 보상을 빼앗기는 것 등의 자극으로 아이들은 분노를 느낍니다. 사람은 자신이 무시당하고 존중받지 못한다고 생각할 때 분노를 경험하는데요. 이러한 느낌을 받으면 남(동생 또는 누나)에게 보복하려는 충동으로 이어질 수 있습니다. 그래서 때로는 자신을 무시한 사람을 공격(똑같이 욕설을 하거나 몸싸움을 하는 등)해야만 자신의 마음의 상처가 회복되기도 하지요.

셋째, 신체적으로 구속된 느낌을 받을 때도 분노를 느끼게 됩니다. 이는 영유아기의 아이들에게도 나타납니다. 감수성이 민감한 아동의 경우 강한 규칙이나 제한에 분노를 일으키기도 합니다.

모든 아이들에게 부모는 모델이 됩니다. 따라서 부모는 자신의 화내는 방식이 어떠한지 먼저 생각해보아야 합니다. 아이에게 화내는 방식을 지도할 때는 일단 부모가 화를 적절하게 표현하는 방식을 보여주는 것이 좋습니다. 부모는 누나 편도 동생 편도 아니며, 잘잘못을 가리기보다는 누나의 속상한 마음과 동생의 속상한 마음을 충분히 헤아려줄 필요가 있습니다.

가족 행사 등 가족이 함께하는 일과를 만들면 가족의 유대감을 강화할 수 있습니다. 특히 가정에 규칙적인 일과가 있으면 아이들의 행동을 규제하기 쉽습니다. 잠자는 시간이 규칙적인 아이들은 그렇지 않은 아이들에 비해 금방 잠이 들고 자는 동안에도 덜 깹니다. 가족이 함께하는 식사는 부모와 아이들이 서로에 대해 더 잘 알게 되는 기회를 제공합니다. 아직 가족만의 특별한 행사가 없다면 아이들과 함께 우리 가족만의 의식을 만드는 게 좋습니다.

형제자매 다툼이 잦은 우리 아이, 어떻게 할까요?

솔루션 하나, 무조건 말리지 마세요

동생이 있는 아이들은 일찍부터 동생의 처지에서 생각하도록 부모에게 요구받으면서 비교적 이른 시기에 다른 사람의 관점에서 생각할 줄 알게 됩니다. 하지만 이러한 부모의 요구는 싸움을 만들기도 합니다. 부모들은 아이들이 단순히 욕구를 채우기 위한 표현으로 싸운다고 생각할 수 있는데, 사실은 그렇지 않습니다. 아이들은 부모의 편애, 경쟁자이자 친구인 동생에 대한 큰아이의 이중 감정 등의 원인으로 부모의 관심과 애정을 얻고자 싸움을 벌이는 경우가 많기 때문입니다.

아이들의 싸움을 단순히 싸움으로 보지 말고 성장의 한 과정으로 봐주세요. 싸움은 이해가 상반되는 상대가 있다는 것, 자신의 요구가 전부 통하는 것은 아니라는 것, 때로는 타협이 필요하다는 것, 자신의 권리를 주장하고 방어해야 한다는 것 등을 자연스럽게 배우는 과정이기도 하니까요. 발달단계마다 형제자매 간에 경쟁하고 협동하는 과정에서 사회화가 이루어지며 인간관계에서 도움을 주고 관계 맺는 기술을 익힐 수 있기 때문에 무조건 싸움을 중단시키는 것만이 능사는 아니라는 것을 명심하기 바랍니다.

싸움이 끝난 뒤 부모가 야단을 치면서 "네가 먼저 사과해."라고 억지로 화해시키는 경우가 많습니다. 이처럼 강요한다면 아이들은 마음에도 없는 사과를 하게 되지요. 억지로 말로 화해시키는 경우 한순간만 모면하면 된다는 그릇된 사고방식을 습득할 수 있으므로 아이들이 스스로 판단할 수 있는 기회를 주세요. 그리고 공동으로 해야 할 일을 하게 함으로써 화해를 유도해주는 게 현명합니다.

솔루션 둘, 사회자 역할을 해주세요

아이들의 사소함 다툼에는 부모가 일일이 관여하지 말고 아이들 스스로 해결하도록 내버려두세요. 어른들이 굳이 참견하지 않아도 아이들은 자기들끼리 문제를 해결할 수 있다는 것을 배워가며 자립할 수 있습니다. 아이의 성장을 인정해주며 지켜보는 것은 부모로서 해야 할 가장 중요한 역할입니다.

만약 싸움이 아이들끼리 해결할 수 없는 정도에 이르렀다면 싸움 자체를 중재하는 게 아니라 싸움의 원인을 찾아 해결해주는 사회자 역할로 개입하는 것이 좋습니다. 지금 아이들의 욕구가 무엇인지, 무엇 때문에 싸우게 되었는지 이해하는 것입니다. 또한 아이의 마음 상태를 살펴보고 심정을 헤아려줄 필요가 있습니다.

아이들이 각자 하고 싶은 말을 하게 합니다. 그리고 "너는 어떤 기분이었니?" "그래서 어떻게 하고 싶고 앞으로 어떻게 할 거니?" 와 같은 질문을 하면서 아이들의 기분을 알아주고 나름대로 일리 있는 각자의 주장을 들어줘야 합니다. 다 들은 다음에는 갈등 요소를 정리해서 말해주고 아이들을 이해시켜야 합니다. 문제가 무엇인지 분명히 알게 하고 각자 생각하도록 해보세요. 그다음 질투심이나 나쁜 감정이 남아 있는지 살펴보고 해결책을 찾도록 도와주는 것이 좋습니다.

솔루션 셋, 맏이라는 사실을 강조하지 마세요

아이들의 잘못된 행동을 서로 비교해 꾸짖는 대신 문제 된 행동이 무엇인지 구체적으로 지적해주세요. 아이들은 꾸지람의 내용보다 비교당한 것에 더 큰 상처를 입을 수 있습니다. 즉각적으로 지적하기보다는 아이가 자신의 행동을 반성하고 자각할 수 있는 시간을 충분히 주고 스스로 생각하게 이끌어주는 것이 적절합니다.

혼을 낼 때는 일관성 있는 태도로 벌을 주는 것이 옳습니다. 무조건 "싸우면 안 된다."가 아니라 "싸움으로 해결하는 것보다 더 나은 해결방법을 찾아보자."라고 가르쳐주세요.

특히 맏이라는 사실을 강조해서 그에 맞는 역할을 강요하는 것은 금물입니다. 무슨 일이든 동생보다 잘해야 한다는 강박관념에 사로잡힐 수 있고, 부모의 기대에 미치지 못했다고 생각해 좌절하거나 열등감에 빠질 수 있으니 스스로 잘못을 깨달을 수 있도록 도와주는 것이 좋습니다.

 양소영 원장의 마음 들여다보기

동생이 태어나면 첫째들은 부모의 사랑이 모두 동생에게 가 있다고 생각하게 돼요. 그래서 동생이 가진 물건을 무조건 뺏어오려고 하거나, 동생을 몰래 괴롭히며 싸움을 일으키곤 합니다. 부모의 사랑을 한없이 받고 싶어 하는 아이들 마음속에 질투심과 절망감을 갖게 만드는 행동은 아이의 인격 형성에 안 좋은 영향을 끼칠 수 있습니다. 따라서 사랑을 표현할 때는 아이들 모두에게 똑같이 해주세요. "아빠는 지우와 지호를 모두 사랑해요."라는 식으로 표현해주세요.

아이들이 다툴 때, 흔히 큰아이 혹은 동생의 역할을 강조하며 두 아이를 서로 비교하지 마세요. "유준이가 형이니까 참아." "민준이는 형보다 어리니까 형한테 잘못했다고 해." 이러한 태도는 부모님이 자신만 미워하고 사랑하지 않는다고 생각하게 해서 상처를 받을 수가 있어요. 누가 먼저 싸움을 시작했는지, 누가 어떤 잘못을 했는지를 판단하는 것은 당장 화가 난 아이들의 감정을 추슬러주는 데 아무런 소용이 없습니다. 따라서 부모는 싸움의 '심판'이 되는 것이 아니라 '중재자' 역할을 해줘야 해요. 아이들이 각자 화난 이유는 무엇인지 두 아이의 말을 공평하게 들어주는 자세가 필요합니다.

단, 상대방의 입장도 이해할 수 있는 태도를 지도해주세요. "형아가 사탕이 먹고 싶었구나~ 그런데 사탕이 한 개라서 한 명이 양보하지 않으면 둘 다 먹을 수가 없어요. 사탕을 양보한 사람에게는 아빠가 다른 과자를 줄게요. 누가 양보해줄래요?" 이렇게 아이들이 화난 이유를 충분히 이해한다는 말과 함께 달래주고, 서로의 행동으로 인해 받게 되는 영향은 무엇인지 명확하게 설명해주면 됩니다.

아빠의 애정에
힘들어하는
우리 아이

자기 연민에서 벗어나기

골프 좋아하는 사람이 매일 연습장 간다고 뭐라고 하는 사람 없
잖아요. 우리 남편을 딸을 보러 다니는 게 취미예요. 술과 담배도
안 하고 친구들을 만나지도 않아요 아이 학교에 하루 3번씩 찾아
가곤 해요. 딸 학교와 남편 직장이 도보로 5분 거리거든요. 초등학
교 1학년 때는 아빠가 가면 딸 친구들이 "와~ 혜민이 아빠 왔다!"
하고 부러워하고 딸도 좋아했는데, 2학년이 되면서부턴 예전처럼
좋아하는 것 같지 않아요. 오히려 그만 왔으면 하는 것 같다고 해
요. 가끔 딸을 바라볼 때면 저랑 연애하던 시절보다 더 애절해 보
여요. 딸바보 남편으로 인해 딸의 인성에 부정적인 영향을 주는 것
같아서 걱정이에요. 우리 남편, 어떡해야 하나요?

요즘 대세 딸바보,
과연 좋기만 할까요?

훤칠한 외모에 말쑥한 정장 차림의 남자가 혜민이를 데리고 상담 센터를 찾아왔습니다. 딸이 수업 시간에 노래를 부르기도 하고, 아무 말 없이 교실 밖으로 나가버리기도 한다는 거예요. 더 이상 자세한 말은 하고 싶지 않다고 했습니다. 상담 전문가가 선입견을 갖고 딸을 볼 것이 분명하기 때문이라고 합니다. 혜민이 아버지는 아무것도 묻지 말고 상담 절차대로 놀이치료만 진행해달라고 했습니다. 대기실에서 딸을 바라보는 그의 눈빛은 마치 사랑하는 연인을 대하는 듯했습니다.

요즘 자녀에 대한 사랑을 적극적으로 표현하는 아들바보, 딸바보 아빠가 늘고 있습니다. 그중 일부는 자기 연민으로 자녀에게 집착하기도 합니다. 자기 연민이란 스스로를 불쌍히 여기는 마음입니다. 자기 연민에 빠진 사람들은 의존 욕구가 강해서 약해진 자아를 강화시켜줄 수 있는 이상적인 대상을 찾아 헤매고 그 대상을 만나면 조종하려 듭니다. 이때 눈앞에 나타난 것이 '자식'입니다. '또 다른 나'인 자녀를 통해 내가 갖고 싶었던 것(돈·권력·지위·학력)을 갖겠다는 것이지요.

자녀를 보면서 자기 연민을 느끼는 부모는 자녀를 통해서 자아 이상을 추구하므로 자녀의 "힘들어." "괴로워." "아빠, 이제 학교

그만 오면 좋겠어." 같은 소리가 들리지 않습니다. 자식은 부모의 욕망 실현을 위한 도구일 뿐이어서, 그 도구가 나타내는 감정은 중요하지 않기 때문입니다. 혜민이는 이렇게 아빠와 소통이 단절되면서 이상행동을 보였던 것입니다.

자기 연민은 다른 사람으로부터 원하는 정서 반응을 찾지 못하는 사람들, 행복하지 못한 어린 시절을 보낸 사람들에게서 주로 나타납니다. 자기 연민에 빠지면 세상에서 자신이 가장 불쌍한 사람처럼 느껴집니다. 심해지면 남들에게 상처를 주면서 자기 연민을 해소해서 문제가 됩니다. 이런 사람들은 대부분 자신의 이미지에 신경을 쓰기 때문에 외모와 행동은 평범하고 건전합니다. 그렇지만 도덕적인 부분에서는 어려움을 겪습니다. 보통 30분 정도 대화하면 조금은 눈치챌 수 있습니다. 아주 높은 수준의 교묘한 방법으로 상대방의 마음에 상처를 주기도 합니다.

무엇보다 자기 연민에 빠진 사람들 대부분이 자신이나 주위 환경과 사람들을 객관적으로 인식을 하지 못합니다. 그런 부분을 인식하기에는 이미 자신의 불쌍함이 절대적으로 자리를 잡았기 때문입니다. 그들에게 자기 연민은 삶의 대처방식이 되고 주변 사람이 힘들어집니다.

자녀의 고통에
마음 여는 부모가 되어주세요

자기 연민에서 벗어나려면 우선 자신을 객관적으로 볼 수 있어야 합니다. 아빠로서 자신이 어떤 사람인지, 아이들에게는 어떤 부모인지 돌아보고, 그다음 자녀를 이해하려는 노력을 기울여야 합니다. 또한 사려 깊은 통찰력으로 '가장 합리적인 가치 기준'을 만들고 부모 자신과 아이 모두에게 알맞도록 맞춰가야 합니다.

  합리적인 가치 기준이란 아빠의 성격과 자녀의 특성이 모두 조화롭게 반영된 것입니다. 자녀가 부모를 사랑할 수밖에 없는 가장 큰 이유는 부모가 잘나서도 인성이 훌륭해서도 아니고, 태어날 때부터 부모에게 의존하며 살아왔기 때문입니다. 배고프면 먹여주고, 똥을 싸면 닦아주던 부모에게 의존하며 사랑을 하게 된 것이지요. 그래서 자녀에게는 부모의 사랑을 잃는 것이 큰 고통입니다. 부모의 사랑을 잃지 않으려면 부모가 원하는 대로 해야 하지요. 부모가 '나를 사랑해서 그러는 거겠지.'라는 관념에 사로잡혀 쉽게 저항하지 못합니다. 나를 사랑하기 위해 자녀를 희생시키는 부모가 되기보다 자녀를 사랑하기 위해 자녀의 고통에 마음을 열 수 있는 부모가 되어야 합니다.

딸바보 아빠,
어떻게 해야 할까요?

솔루션 하나, 아이에게 단호함과 절제, 적당한 사랑을 표현해주세요.

'딸바보'라는 말이 생겨났을 정도로 다정하고 자상한 아빠들이 많아졌습니다. 하지만 아이의 말이라면 '껌뻑 죽는' 허용적인 아빠는 대표적인 문제 아빠입니다. 아빠의 권위가 무시되는 분위기에서 자란 아이들은 대부분 의존적이면서도 버릇없는 행동을 보이기 때문입니다.

반면 여전히 힘으로만 군림하려는 폭력적인 아빠, 자신밖에 모르는 이기적인 아빠, 부모 세대에게서 배운 부모상에 따라 무관심으로 일관하는 방임형 아빠들도 있습니다. 이런 문제 아빠들도 마음속을 들여다보면 어린 시절의 상처가 있는 경우가 많습니다. 자신이 자라온 환경과 양육 방식에 따라 좋은 아빠가 되기도 하고 나쁜 아빠가 되기도 하는 것입니다.

사랑을 잘 표현하는 것과 더불어 아빠에게 꼭 필요한 것이 '육아에 대한 자신감'입니다. 대부분 아빠는 자신이 자녀에게 미치는 영향이 얼마나 큰지 잘 모르고 스스로 능력을 과소평가하는 경향이 있습니다. 일반적으로 모성은 감싸는 특성이 있지만 부성은 자르는 특성, 즉 단호함과 절제, 적당한 긴장과 경쟁을 바탕으로 합니다. 이런 부성의 특성은 4~8세 아이들의 발달에 반드시 필요하니다. 특히 남자아이들에게는 성인이 될 때까지 매우 큰 영향을 미칩니다. 다소 무모해 보이고 경쟁적인 아빠의 태도와 양육 방식이 아이의 발달에 꼭 필요하고 큰 영향을 미친다는 것입니다. 이는 딸바보 아빠들이 좋은 아빠라고만 할 수 없는 이유이기도 합니다.

사랑 표현에 서툰 문제 아빠들이 육아에 대한 자신감을 느끼고 아빠의 역할을 해내는 방법은 짧더라도 집중해서 놀아주기, 유머 감각 살리기, 긍정센서 가동하기 등이 있습니다. 아이에게 적당한 사랑을 표현해주세요.

솔루션 둘, 현명한 딸바보 부모가 되세요

정신분석 심리학자인 프로이트는 3~5세의 남근기를 거치면서 딸이 엄마에 대해 적대감을 갖는 엘렉트라 콤플렉스를 이겨내고 성적 정체감을 찾아가는 과정에 아빠가 중요한 역할을 한다고 했습니다. 여자아이들이 남자아이들보다 거울뉴런(mirror neuron)이라는 뇌 속의 공감 능력이 더 발달되어 있습니다. 여자아이들은 자기감정 표현도 풍부하고 다른 사람의 감정에도 더 잘 반응합니다. 1970년대 몇몇 연구(Hennig, Bernett & Baruch)에서는 사회적으로 성공한 여성들은 대체적으로 어린 시절에 아빠의 영향을 많이 받았으며, 친밀하고 애정적인 관계를 유지한 것으로 나타났습니다. 딸은 아빠로부터 엄마보다 좀 더 구조적이고 논리적인 공감과 지지를 받음으로써, 어머니로부터 받는 정서적 지지와는 달리 목적적인 성취감으로 전환할 수 있습니다.

딸바보 아빠가 딸의 삶에 지나치게 주도적으로 개입하면서 오히려 딸의 주체성을 떨어뜨리고 미성숙한 존재로 남게 한다고 볼 수도 있습니다. 아빠와 딸 사이를 지배적인 구조로 만들고 딸을 아빠에게 의존하게 하려는 남성중심적 사고라고 보는 견해도 있습니다. 만약 딸바보 아빠가 6살짜리 딸이 남자아이와 손잡고 소풍가는 것만 봐도 질투심을 느낀다면 그럴지도 모릅니다. 그러나 현명한 딸바보 아빠는 딸의 삶을 좀 더 주도적으로 이끌어주는 데 기여할 수 있습니다.

자아를 찾아 꿈틀대는 3살의 딸에게 아빠는 중요한 존재입니다. 성적 정체성의 혼란 속에서 엄마를 사이에 둔 경쟁자처럼 "아빠 미워!"를 아침마다 외칠 수도 있는데 아빠를 어떻게 받아들이게 되는지가 딸의 자존감에 주춧돌을 얹어주는 역할을 합니다. 딸에 대해 긍정적인 시각을 유지하되 딸에게 가르치고 싶은 인생의 가치가 무엇인지를 스스로에게 자주 되물어야 합니다. 진짜 딸만 아는 바보가 돼서 무엇이든 우쭈쭈 하고 키우면 딸도 바보가 될 수 있습니다.

아빠의 진심 어린 공감은 딸의 삶에 에너지가 됩니다. 아빠가 해줄 수 있는 공감은 딸의 감정을 읽어주고 그대로 느껴보려고 노력하는 것입니다. 거기서 한 발 더 나가서 아빠의 철학을 얹어주면서 아이가 자기감정을 긍정적으로 들여다볼 수 있게 해주면 금상첨화입니다. "아까는 화가 많이 났었구나. 화가 나서 컵을 던졌던 거니? 이리 와, 안아줄게. 이제 좀 화가 풀렸니? 그런데 컵을 던진다고 해서 기분이 좋아지지 않아. 그런 행동은 더 화가 나게 한단다. 아빠에게 왜 화가 났는지 말해줄 수 있어?"

현명한 칭찬은 아빠 마음에 드는 행동을 했을 때 하는 것이 아니라 아이가 스스로 해낸 가치 있는 행동에 대해서 그 의미를 짚어주는 칭찬입니다. 아이가 한 행동이 어떤 것이고 그것이 다른 사람에게 어떤 도움이 됐는지 알게 해줘야 합니다. 어릴 때부터 가능한 칭찬법입니다. "간식을 맛있게 잘 먹었네. 우리 딸 멋지네." 라고도 해주어야겠지만, "과자 봉지를 쓰레기통에 버리니까 우리 집이 깨끗해졌네."라는 말도 잊지 말아야 합니다. 아이가 무심코 한 사소한 행동이 다른 사람의 삶을 이롭게 하는 데 조금이라도 기여한 것이 있다는 것을 알게 해주는 아빠의 칭찬이 딸의 삶을 바꿉니다. 아빠의 칭찬과 격려를 받은 딸이 자신의 가치를 알아가기 시작합니다.

부모의 양육관 차이로
갈팡질팡하는
우리 아이

아이가 아빠를 싫어할 정도로 남편이 양육에 무관심해요. 양육 자체에 관심이 없어요. 아이 특성과 일반적인 발달단계에 대해서 전혀 알지 못해요. 그래서인지 아이가 아빠와 노는 것조차 싫어합니다. 또 아이가 최근 들어 자기주장도 강해지고 고집도 세졌어요. 그런데 아이가 고집을 부릴 때마다 남편이 너무 심하게 혼을 냅니다. 저는 아직 아이가 어리니 의사소통을 보다 잘할 수 있을 때까지 좋게 타이르고 대부분 요구를 받아줘야 한다고 생각해요. 남편은 처음부터 엄하게 가르쳐야 한다는 주의고요. 남편과의 양육관 차이를 어떡하면 좋을까요?

전쟁 같은 부부
양육관 갈등 해결법

교육, 습관, 인성, 사회성, 놀이, 식사 문제에 이르기까지, 문제는 다양하고 부부마다 부딪히는 부분은 각자 다릅니다. 하지만 그 모든 문제의 가장 큰 핵심은 하나입니다. 바로 관심과 무관심입니다. 대부분의 사람들이 엄마는 관심형, 아빠는 무관심형이라고 생각하지만 아빠들의 육아 참여율이 높아지면서 그렇지 않은 경우도 있습니다. 어떤 부분에서는 엄마보다 아빠가 지나치게 열을 올리기도 하고 전문적이기도 하지요. 핵심은 서로의 관심 정도를 수용하지 못하고 이해하지 못하는 부부의 커뮤니케이션 불화입니다.

문제는 여기에서 시작됩니다. 서로에 대한 불만이 부부 양육관의 충돌로 이어지기 때문입니다. 엄마들이 말하는 아빠들의 특성은 크게 세 가지입니다. 모든 양육 문제를 엄마에게 일임하는 스타일, 평소에는 무관심하다가 훈육할 때가 되면 사명감을 가지는 스타일, 마지막은 방임하는 스타일입니다.

아빠들이 말하는 엄마들의 특성은 이렇습니다. 아이의 발달 사항에 지나치게 반응해 무언가를 해줘야 한다고 생각하고, 아이에게 조금은 무리해 보이는 앞선 교육을 하고, 남들이 좋다는 것은 모두 해주어야 한다고 생각하는 욕심 많은 혹은 극성인 엄마, 아이 문제에서만큼은 경제 수준이나 환경을 전혀 고려하지 않고 고집스럽게 군다고 말입니다.

　엄마와 아빠가 주목할 점은 서로가 양육 문제를 마주하는 태도
입니다. 눈앞에 아이 문제가 떨어졌을 때 엄마들은 그 문제를 당장
해결하려고 하고 해결되지 않으면 그 문제를 계속해서 걱정합니
다. 아빠들은 반대입니다. 모르기 때문에 최대한 낙관적으로 생각
하려고 하지요. 아빠들은 육아 문제도 '잘 될 거야.'라고 최대한 낙
관적으로 생각합니다. 그래서 아빠들은 이렇게 말합니다. "내버려
둬. 애들이 다 그렇지."

　육아 문제를 이렇게 받아들일 때 생기는 최악의 상황은 무엇일
까요? 바로 아이의 문제가 그대로 해결되지 않고 정말 심각해졌을
때입니다. 일찌감치 문제를 인지하고 해결하려고 노력한 엄마는
아무것도 하지 않고 방치한 아빠를 질타합니다. 아빠는 주변에서
이야기할 정도로 문제가 심각하다는 것을 인지하면 그제야 무언가
해보려는 움직임을 보이지만 그때는 너무 늦습니다.

양육에 임하는 엄마와 아빠,
여자와 남자의 차이

여자는 보통 멀티 플레이어입니다. 책을 읽으면서 음악을 듣기도
하고 전화하면서 요리를 하기도 하지요. 그런데 남자들은 그렇지

못한 사람들이 대부분입니다. 한 번에 하나, 스텝 바이 스텝이에요. 대신 방향감각이나 운동신경, 사물의 기능 인지 능력은 일반적으로 남자들이 여자보다 뛰어납니다.

우리가 흔히 경험을 통해 알고 있는 이 보편적 사실은 양육에 임하는 여자와 남자의 특성에도 맞춰봅시다. 아내가 남편에게 아이의 '문제'를 이야기할 때는 함께 '공감'하고 해결할 방법을 생각해보고자 하는 경우가 많습니다. 하지만 남편에게 '문제'는 공감이 아니라 '해결'에 그 핵심이 있습니다. 그 때문에 이 일을 어떻게 해결해주어야 좋을 것인지, 내가 해결할 수 있는 범위인지 아닌지를 먼저 생각합니다. 위에서 말했던 것처럼 모르기 때문에 낙관적으로 생각해 그것을 해결하려(해결되기를 기다리)고 듭니다. 그래서 "원래 그러면서 크는 거야." "내버려 둬, 저러다 말 거야." 식으로 자신도 잘 모르면서 아내의 문제를 '해결'해주려고 하는 것입니다. 나름대로 해결해주었음에도 아내는 왜 이렇게 자식 일에 무관심하냐고 말합니다.

아이들은 부모를 보고 모델로 삼으며 성장합니다. 그런데 정작 부부는 가정의 길잡이가 되어줄 역할 모델이 없이 어려움을 겪습니다. 부부 사이에 양육 방식을 조율하기 위해서는 먼저 부부간 친밀감을 회복하는 것이 우선입니다. 대화를 할 때 비난이나 비교, 평가, 경멸과 같은 방법으로 감정을 표현하면 대화 자체가 이루어질 수 없습니다.

그리고 무엇보다 역할을 분담하고 함께하는 것이 중요합니다. 역할을 분담할 때는 목록으로 획일하게 나누는 것보다는 양육을 함께하고 비교적 자신이 더 필요한 쪽에 많이 참여하는 방식으로 분담해야 합니다. 양육할 때 부부가 함께하다 보면 자연스럽게 상황에 따른 역할 분배가 이루어집니다. 상대방을 배려하고 서로 돕는다는 자세로 양육에 임하면 한 명이 아이 분유를 타고 있을 때 한 명이 기저귀를 갈아주는 등 자연스러운 질서가 생겨납니다. 이렇게 양육에 함께하는 것이 일상화된 부부는 양육관에 충돌이 와도 서로 대화로 조율하고 해결할 수 있는 가능성이 열립니다.

이때 아빠는 아이와 놀아준다는 개념이 아니라 함께 어울려 즐겁게 논다라는 생각의 변화도 필요합니다.

양육관으로 갈등하는 엄마 아빠, 어떻게 할까요?

솔루션 하나, 남편을 이해해주세요

우리나라 남자들은 전통적으로 강한 책임감을 요구받아왔습니다. 그리고 그 책임감은 내가 잘못한 일을 순순히 받아들이고 잘못을 고치기보다 내가 지금 하는 일이 옳다는 자기 믿음과 고집을 키웠습니다.

남편은 아내의 육아 고민을 모른다고 말할 수가 없습니다. 처음 듣는 낯선 용어를 쏟아내는 아내 앞에서 "그게 뭔데? 왜 그런데? 미안해, 잘 몰라."라는 말을 하기에는 자신이 너무 무능력해 보이기 때문이지요. 더구나 아이의 문제 앞에서 무책임해 보이는 그런 말을 내뱉을 수가 없어 방임하듯 방치하는 것입니다.

하지만 아빠들도 아이를 낳으면 그 누구보다 강한 책임감을 느낍니다. 아이가 태어나는 순간 삶을 대하는 태도와 목적이 바뀌고 또 그만큼 희생하고 책임질 각오가 되어 있어요. 엄마라는 이름 안에 사회적으로 여성에게 주어지는 너무 큰 압박들이 제대로 된 모성을 파괴하는 것처럼, 책임질 부양가족이 생겼다는 부담감은 아빠를 육아에서 멀어지게 만드는 요인이 되기도 합니다. 먹고사는 생계가 중요한 아빠들에게 육아를 스스로 받아들이길 기대하는 것은 '스텝 바이 스텝'에게 '멀티 플레이'를 요구하는 일입니다. 남편이 알고자 하는 마음을 닫아버리기 전에 아내가 먼저 다가가는 태도가 필요합니다.

솔루션 둘, 아내를 이해해주세요

원시 시대부터 '엄마'라는 존재는 새끼를 위협으로부터 가장 가까이 지키는 존재였습니다. 아기를 낳으면 젖이 돌기 시작하는 것이 태곳적부터 내려온 신체적인 반응인 것처럼 엄마는 아이의 일이라면 사소한 일에도 반응하게 되어 있습니다. 어디 그뿐인가요. 엄마라면 이래야 한다는 사회적 통념에 갇혀 좋은 엄마가 되려고 부단히 애써야 하고, 엄마로서의 삶과 사회적인 삶을 동시에 해내야 하며, 세계에서 교육열이 가장 높다는 이 나라에서 아이를 키워내야 합니다. 이런데도 엄마들의 걱정과 불안이 단지 극성인 걸까요?

엄마들은 잘 모릅니다. 잘 몰라서 잘 알고 싶어 합니다. 내가 알지 못하면 아이에게 해줄 수 없다는 불안감이 책을 읽게 만들고 인터넷을 탐색하게 만들지요. 그렇게 노력하고 잘하려 하는데도 육아는 뜻대로 되지 않습니다. 아이 때문에 어쩔 줄 몰라 남편에게 도움을 청하는 거예요. 그런데 남편은 무관심한 듯 냉대합니다.

엄마들이 바라는 것은 육아를 남편이 전담하라는 것이 아니라 같이 공부하고 공감하자는 것입니다. 엄마를 지지하는 말 한마디, 그리고 나는 지금 혼자 아이와 씨름하고 있는 중이 아니라 언제든지 함께 논의하고 이야기해줄 든든한 내 편이 있다는 것으로 충분합니다.

솔루션 셋, 행복한 부모가 되는 방법

자녀와의 약속은 반드시 지킵니다. 아이와의 약속을 하찮게 생각하는 부모는 아이에게서 신뢰를 얻을 수 없습니다. 아무리 사소한 약속이라도 지킬 수 있는 것만 말하고 또 반드시 지키는 모습을 보여야 합니다. 부모가 약속을 지키지 않으면서 아이에게 약속을 지키기를 요구하는 것은 무리한 강요 또는 억지에 불과합니다.

또한 취미 생활 등 나만의 시간을 갖는 것이 좋습니다. 회사에서 돌아오면 밥 먹고 TV 보다가 자는 아빠의 모습, 하루 종일 빨래와 설거지에 분주한 엄마의 모습은 아이에게 자극을 주지 못합니다. 부모가 각자 취미 생활을 하는 모습, 예를 들면 책을 읽는다든지 바둑을 둔다든지 하면서 무언가에 열중하는 모습을 보여주고, 각자 흥미를 보이는 주제들을 놓고 대화를 나누면 지적 호기심을 자극할 수 있습니다.

부모가 부모이기 이전에 한 인간으로서 '나'는 어떤 존재이며, 무엇을 좋아하며, 어떤 것을 잘하며, 어떤 때 가장 행복한지 알아가며 찾아가는 것이 필요합니다. 그런 부모의 모습을 통해 아이들도 자신의 존재를 소중히 여기며 스스로의 인생을 아름답게 만들어가는 것입니다.

🌺 양소영 원장의 마음 들여다보기

아이에게 가정은 가장 처음 접하는 사회입니다. 양육 갈등은 아이의 정서와 밀접한 관계가 있어 양육 갈등이 높을수록 아이의 정서 조절 능력이 낮아집니다. 엄마 아빠가 아이 문제로 언성을 높여 이야기하는 모습 또는 서로 냉랭한 모습을 보면서 '아이는 엄마 아빠가 나 때문에 싸운다.'고 생각해 부적절한 죄책감을 가질 수 있습니다. 따라서 부모는 양육 갈등을 예방하고 의견을 좁히기 위한 방책을 마련해야 합니다. 또한 부부가 서로의 양육 태도 차이를 인정하고 상대가 나의 부족함을 보완하고 있지는 않은지를 먼저 생각하려는 자세가 필요합니다. 무엇보다 끊임없이 대화해 양육의 올바른 방향성을 함께 정해야 합니다.

양육 갈등의 원인은 양육에 대한 원칙이 없기 때문입니다. 어떤 부모가 되고 싶은지, 아빠 역할은 무엇이고 엄마 역할은 무엇인지에 대한 생각이 확실하고 이에 대해 부부가 사전에 의견을 충분히 나누었다면 갈등은 줄어듭니다. 아내들은 남편과 양육 갈등이 있을 때면 남편이 잘못된 것이라고 여기는 경우가 많습니다. 반대로 아빠는 양육은 아내 책임이고 나는 조력자일 뿐이라고 생각하기 쉽습니다. 이러한 인식 차이가 갈등을 키우는 것입니다. 화내지 말고 객관적인 태도를 유지하는 것이 중요합니다.

부부가 함께 점검하고 대화를 시작하세요. 이제부터라도 '함께' '같은 방향'을 바라봐야 하니까요. 남편이 아이와 함께하는 시간을 늘리거나 아이와 더 자주 놀아주려는 의지 등의 실제적인 도움도 중요하지만, 무엇보다 아내의 힘든 부분을 알아주고 정서적으로 공감해주는 것이 아내에게 큰 도움이 됩니다. 아내의 힘든 육아를 알아주고 공감해주는 마음, 가족과 함께할 수 있는 시간적 여유, 아이를 아끼고 사랑하는 마음, 신체 활동으로 놀아주기, 함께 외출하기, 수면 및 목욕할 때 도와주기가 필요합니다.

아빠와 많은 시간을 보낸 아이들은 언어 능력과 사회성이 더 균형

있게 발달합니다. 힘든 상황에서 서로 위로하는 동반자가 필요할 때 부부가 서로 바라는 것은 함께 노력하는 것, 정서적인 공감과 위로입니다.

아이를 바르게 키우기 위한 부모의 행동 원칙

- **지지 표현: 자녀에게 애정을 보여주세요.**
  부모가 지지 표현을 잘하면 스스로 믿는 아이로 자라지만, 못하면 인정받지 못한다고 느껴 쉽게 포기하는 아이로 성장합니다. 아이에게 "사랑해, 잘했어, 괜찮아."라는 표현을 자주 해서 자신감을 키워주세요.

- **합리적 설명: 꾸짖을 때는 자녀가 이해할 수 있게 설명해주세요.**
  부모가 잘하면 자기조절을 잘하는 아이로, 못하면 반항적인 아이로 성장합니다. 아이에게 설명할 때 "왜 안 되냐면… 이건 이렇고, 저건 저렇고." 등 자초지종과 구체적인 이유를 충분히 알려주세요.

- **성취 입력: 사회적 성공을 요구하세요.**
  부모가 잘하면 스트레스에 잘 대처하는 아이로, 못하면 스트레스를 많이 받는 아이로 성장합니다. 학교 시험을 앞두고 있는 아이라면 "100점 맞을 수 있지?"가 아니라 "100점 맞지 못해도 괜찮아."라고 용기를 불어넣어주세요.

- 간섭: 아이의 사생활을 인정해주세요.

  부모가 잘하면 적당한 활동 수준을 아는 아이로, 못하면 생각하는 힘이 떨어지고 쉽게 포기하는 아이로 성장합니다. 아이에게 어떤 일을 강요하며 "다 널 위해서야."라고 말하지 마세요.

- 처벌: 신체적 처벌이나 심리적 위협에 내 감정을 담지 마세요.

  부모가 잘하면 새로운 상황에 호기심을 보이는 아이로, 못하면 공격적이고 수동적인 아이로 성장합니다. 감정에 치우치지 않고 일관성 있는 훈육법을 유지하세요.

- 감독: 자녀의 스케줄을 파악하세요.

  부모가 잘하면 목적을 가지고 행동하는 아이로, 못하면 지루하거나 어려운 일을 쉽게 포기하는 아이로 성장합니다. 아이가 스스로 학습과 생활을 관리하도록 유도해주세요.

- 과잉기대: 양육적인 기대는 적절함을 유지하세요.

  부모가 잘하면 성취 지향을 위해 노력하는 아이로, 못하면 자존감 낮은 아이로 성장합니다. 정서지능 발달에 필수인 적절한 목표와 자극을 제시해주세요.

- 비일관성: 꾸지람의 기준에 일관성을 가지세요.

  부모가 잘하면 또래와 잘 어울리는 아이로, 못하면 불안감 증대로 사고의 융통성이 결여됩니다. "오늘은 엄마가 기분이 좋으니까 해도 괜찮아, 오늘은 아빠 기분이 나쁘니까 안 돼."라는 식으로 그때그때 기분에 따라 말하면 안 됩니다. 부모의 감정을 일정하게 유지하는 것이 중요합니다.

사춘기로
힘들어하는
우리 아이

잠깐 멈추고 대화하기

아들에게 사춘기가 찾아오자 말투와 말하는 내용이 싹 바뀌었어요. 아이가 어릴 때는 혼낼 일도 별로 없고, 대화하다가 다툴 일도 없었는데, 청소년이 되자 내 아이인데도 대하기가 너무 어려워서 절망하는 순간이 많아져요. 수사관같이 부모의 잘못을 캐내어 비난하고 비판하기도 합니다. 분노를 폭발시키기도 하고 건방진 태도를 보이기도 해요. 아예 대화 자체가 어려워지고 있어요. 어떻게 하면 아이와 잘 대화할 수 있을까요?

사춘기,
준비가 필요해!

사춘기 하면 흔히 '질풍노도의 시기' 혹은 '반항'을 떠올리는데요. 이 시기 아이들은 부모 말을 듣지 않고 자기주장이 강해집니다. 자신의 생각을 논리적으로 정리하는 능력이 아직 부족해서 남을 설득하기 위한 주장이 완벽하지 않지만 말입니다. 이런 시기에 아이들은 특목고나 자사고 등 더 좋은 학교 입학을 위해 끝이 없는 공부에 시달리고 있는 것이 현실입니다.

사실 이러한 많은 공부는 아이들의 대뇌 발달에 좋은 영향을 주지 않습니다. 대뇌는 좌우 반구로 나누어져 있는데, 뇌들보가 있어 좌우 반구들은 서로 연결되어 있습니다. 사춘기 전에는 정서적 발달이 주를 이루기 때문에 대뇌는 여러 가지 자극을 받으면서 성장합니다. 뇌들보는 사춘기 시기부터 발달하기 시작하는데, 감성 발달이 이루어진 후 논리적 사고를 바탕으로 하는 이성적 사고가 발달합니다. 하지만 정서 발달이 제대로 이루어지지 않으면 정상적인 이성적 사고 발달은 기대하기 힘듭니다. 어릴 때 놀이를 통한 즐거운 경험이 없는 아이들은 자신의 감정을 잘 통제하지 못하고, 힘들고 어려운 일을 감내하는 힘 또는 결과가 바로 나오지 않는 일에 대한 인내력도 부족합니다. 그 악순환으로 아이들은 쉽게 화를 내고 잘 참지 못하면서 알 수 없는 분노가 쌓이게 되는데, 급기야는 부모나 선생님에게 심하게 반항하는, 소위 '중2병'이 나타나기도 합니다.

요즘 아이들은 부모 세대와는 비교도 안 될 만큼 높은 강도로 신체적·정서적 변화를 겪습니다. 자녀의 사춘기를 미리미리 대비하지 않으면 부모 역할을 제대로 감당할 수 없는데, 주목할 점은 이 시기가 눈에 띄게 앞당겨진 것입니다. 빨라지는 사춘기에 대해 파악하고 자녀와 소통하는 노력이 필요합니다.

몸과 마음의 변화가
찾아온 우리 아이

사춘기를 헤쳐나가는 지름길은 이 시기가 당연한 과정이란 것을 인정하는 것입니다. 자녀의 태도가 문제행동처럼 보여도 원인이나 잘못을 따지기보다는 개선 방법을 고민하는 것이 먼저라는 말입니다. 사춘기는 부모도 함께 성장하라는 신호입니다. 따라서 자녀와 얼굴을 맞대고 교감하는 것이 사춘기를 대비하는 훌륭한 처방이라고 말합니다.

부모가 자신의 사춘기 시절을 들려주는 방법도 추천합니다. 진솔한 경험담을 나누면 부모와 자녀 사이를 가로막는 마음의 벽을 허물 수 있기 때문입니다. 공감과 이해의 지혜를 발휘해 자녀와 소통하고 아이들의 변화를 즐겁게 받아들여주세요. 이러한 사춘기는 어떤 시기일까요?

첫째, 뇌가 중요한 발달기를 통과하고 있습니다. 사춘기의 뇌는 제2의 탄생기를 맞이하게 됩니다. 더 많은 가지와 뿌리를 뻗는 작업이 최고조에 달하고, 이후에는 불필요한 부분을 제거해서 정수만 남기게 됩니다. 학령기 동안 쓸모없다고 생각되는 신경회로나 신경세포는 전두엽이 새로 태어나는 청소년기에 다 솎아집니다. 다양한 자극을 경험하고 성공적으로 과제를 수행함으로써 성취감을 맛보면 아이의 뇌에는 근본적인 변화가 일어나게 됩니다.

둘째, 반항하고 대들기 시작합니다. 사춘기의 반항은 어느 정도는 정상적인 반응으로 볼 수 있습니다. 이 시기의 아이는 자기만의 논리가 생겨서 부모와 생각이 다르면 쉽게 받아들이지 않으려 합니다. 정상적인 발달과정인 가벼운 반항조차 용납하지 못하고 체벌 등으로 과잉대응하게 되면 부모는 자녀와 갈등을 빚게 됩니다. 반대로 폭력, 고함 등 반항의 정도가 심각한 수준인데도 이를 방치하면 때를 놓쳐 수습이 어려울 수도 있습니다. 대부분의 사춘기 아이들은 자기 생각이 강해지더라도 부모와 좋은 관계를 유지하면서 지낼 수 있습니다. 소수의 아이만이 심각한 문제행동을 하거나 부모와의 관계가 악화되기도 합니다.

셋째, 수직적 대화를 거부하게 됩니다. 사춘기 자녀를 둔 엄마를 가장 속 터지게 하는 말이 "내가 알아서 할게."입니다. "이제 방

좀 치워라."라는 말에도 "스마트폰 좀 그만해."라는 말에도 아이들은 한결같이 "내가 알아서 할게."를 남발합니다. 하지만 알아서 한 적은 한 번도 없습니다. 화가 치밀어 목소리를 높이면 집안은 한바탕 전쟁터가 되고 맙니다. 알아서 하겠다는 말은 언젠가 하겠다는 뜻이 아니라 더 이상 부모의 간섭을 허용하고 싶지 않다는, 독립을 선언하는 의미로 이해해야 합니다. 주도권과 결정권을 아이에게 돌려주어야 할 때가 되었으므로 받아들여야 합니다.

또한 수직적 대화 대신 수평적 대화로 아이에게 다가가야 합니다. 자녀의 말을 들어주고 공감해준 다음 하고 싶은 말을 해도 늦지 않습니다. 나중에 후회할 게 불을 보듯 뻔하더라도 아이가 결정하게 한 뒤 그 결과는 스스로 책임지도록 해야 합니다.

인생에서 부모 역할은 누구나 처음 맡아보는 것입니다. 배운 적도 없고 가르쳐주는 사람도 없습니다. 유아기에는 나름 잘해왔다고 자부했지만 아이가 사춘기에 접어들면 그동안 쌓아온 부모로서의 자존감은 무너지기 시작합니다. 아이가 성장함에 따라 부모 역할도 바뀌어야 합니다. 격랑의 사춘기를 겪는 아이들과 함께 부딪치고 상처받으며 시행착오를 겪을 마음의 준비도 필요합니다.

아이의 사춘기는 부모 자녀 사이의 사랑과 이해를 바탕으로 새로운 만남이 시작되는 시기입니다. 이 과정을 잘 겪고 나면 아이가 부쩍 성장하듯 부모 역시 한 뼘 성장하게 합니다.

대화하기 어려운 사춘기 아이,
어떻게 대화할까요?

솔루션 하나, 사춘기 딸과 대화하기

세상에서 가장 유익한 소리는 무엇일까요? 바로 부모님의 '잔소리' 입니다. 부모님의 잔소리에 귀 기울이고 실천했다면 우리는 지금 모습보다 훨씬 더 괜찮은 모습이었을 거예요. 그런 잔소리가 세상에서 가장 소중한 자녀의 마음에 진정성 있게 전달되기 위해서, 부모는 자녀의 마음이 되어서 아이에게 나의 이야기가 어떻게 받아들여지는지 객관적으로 이해하고 파악할 수 있어야 합니다. 부모님의 잔소리가 아무리 귀하고 옳다고 할지라도 잔소리 속에 담긴 뜻과 애정이 자녀에게 쉽게 전달되지 않을 수 있기 때문이지요. 특히 감수성이 예민한 딸에게는 부모의 진심 어린 사랑과 믿음이 전달될 수 있게 말해야 합니다. 잘못된 행동에 대해서는 잔소리를 하되, 부모의 사랑은 언제나 변함없음을 확인시켜주는 것이 필요합니다.

따뜻한 잔소리도 필요하지만 자녀와 협상도 할 수도 있어야 합니다. 자녀가 화장을 진하게 하거나 늦은 시간에 집에 들어왔을 때는 곧바로 감정적으로 반응하지 말고 다음 날까지 기다렸다가 엄격하면서도 온정 어린 마음으로 대화를 하는 것이 좋습니다. 예를 들어 요즘 자녀가 좋지 않은 친구들과의 어울림이 잦은 것 같아서 염려가 된다면, 자녀의 친한 친구들을 집으로 초대해서 정성껏 음식을 대접해주면 어떨까요? 자녀는 친구나 부모 앞에서 자기 가치감을 느끼게 되고, 부모는 자녀가 어울리는 친구들을 직접 볼 수 있는 기회가 됩니다. 그 후 집에 다녀간 친구들에 대해 자녀와 함께 대화를 나누는 것도 좋은 방법이지요.

사춘기는 '시작과 끝이 있는 삶의 한 과정'이라는 점을 염두에 두고 마음에 여유를 가지는 것이 좋습니다. 부모와 자녀가 함께 겪으며 지내야 하는 이 시기에는 견디고 기다릴 수 있는 힘이 필요합니다. 아울러 부모가 자녀 나이였을 때의 모습을 떠올리고 '그때 내 부모님이 나에게 이렇게 대해주셨더라면.' 하는 마음으로 자녀를 대한다면, 입가에 미소와 함께 여유가 만들어지지 않을까요?

솔루션 둘, 사춘기 아들과 대화하기

사춘기에 접어든 아들은 더 이상 부모님 말씀이라면 잘 듣고 따랐던 아동기의 그 아이가 아님을 인정하고 받아들여야 합니다. 이 시기 자녀가 가장 원하는 것은 자신을 있는 그대로 받아들이고 인정해주는 것입니다. 부모의 기대를 충족시켜주는 자녀가 아니라, 지금 내 눈앞에 있는 자녀를 있는 모습 그대로 수용해야 합니다.

자녀가 집에서는 문제아이지만 친구들 사이에서는 최고의 인기를 누릴 수도 있습니다. 따라서 사춘기 아들과 갈등이 있다면 오히려 친구, 사촌 형, 선생님 등 아이와 친밀한 관계를 유지하고 있는 사람의 도움을 받는 것이 효과적입니다. 이 방법은 사춘기 아이의 열등감을 자극하지 않아 아이가 훨씬 더 잘 받아들일 수 있습니다.

자녀에게 잔소리할 때 형제 혹은 모범적인 다른 친구와 절대 비교하지 말아주세요. 비교를 당할 경우 자녀는 스스로에 대한 좌절감을 경험하고 마음에 상처를 입게 됩니다. 또한 사춘기 아들의 자존심이 상하면 자신을 믿어주지 않는 부모님과의 관계가 회복되기 어려워집니다. 공부를 잘하게 하려면 윽박지르기보다는 과외 선생님을 구해서 공부하거나, 공부를 하면서 새로운 것을 알아가는 즐거움, 선생님께 인정받는 기쁨을 느끼도록 도와주는 편이 훨씬 효과적입니다. 성취감과 유능감, 무엇보다도 자기 자신에 대한 긍정성을 갖도록 도와주는 것이 중요합니다.

 양소영 원장의 마음 들여다보기

청소년들은 모호한 자아 정체성을 찾기 위해 몸부림치며 내가 누구인지, 무엇을 위해 살아야 하는지에 골몰하면서 민감한 시기를 보내고 있는 중입니다. 성장을 향해 뿜어대는 호르몬의 영향으로 감정 기복이 심한 질풍노도의 시기를 걷고 있습니다. 청소년기 자녀에게 성품을 가르치는 가장 좋은 방법은 자녀에게 건네는 말 한마디, 즉 대화에서 시작됩니다. 대화는 가장 효과적인 인성교육 방법입니다.

청소년 자녀들이 지나치게 버릇없이 말하고 행동할 때 잠깐 멈추세요. 화내지 않고 침착하게 말해보세요. "네가 속상한 것은 이해가 가는데 아빠는 네가 화내지 말고 예의 있는 모습으로 말했으면 좋겠구나." "네가 선택한 행동이 가장 좋은 것이었는지 한번 생각해볼래?" "엄마는 네가 그렇게 말하고 행동하는 것을 보니 너무 섭섭한 마음이 드는구나. 마치 사랑하는 아들에게 무시당하고 있다는 생각이 들어 슬프단다." 자녀와 잘잘못을 따지면서 싸우지 마세요. 부모의 마음과 느낌, 욕구를 비난 없이 정확하게 전달하려고 노력하는 것이 중요합니다.

건방진 태도를 도저히 눈뜨고 볼 수 없을 때 긍정적인 태도로 잠깐 생각해보세요. 지금 아이는 성장하고 있으며, 미래의 자신을 건설하고 있는 중이라고 말이에요. 사춘기 자녀는 건방진 태도를 보이면서 자신의 연약함을 감추고 있는 것입니다. 그러니 쉽게 책망해 관계를 망치지 말고 숨 한 번 내쉬고 마음을 다스린 후 그들의 내면세계를 이해하는 마음가짐으로 대화해보세요. "엄마를 그렇게 비판하지만 말고 네가 좀 도와주었으면 좋겠구나. 이제는 네가 많이 컸으니까 엄마가 네 도움을 받고 싶구나." "와~ 아빠는 그렇게 생각해보지 못했는데 넌 참 특별해. 넌 정말 큰일을 해낼 거야." 청소년기 자녀는 자신의 열등감을 건방진 태도로 방어막을 친다는 것을 잊지 말고 책망보다는 칭찬과 격려로 건방진 태도를 다스려주는 것이 필요합니다.

청소년 자녀가 자주 분노를 드러낼 때 잠깐 멈추세요. 분노는 나쁜 것이 아니라 잘 표현해야 하는 것입니다. 분노 자체는 나쁘지 않습니다. 잘못 분노하는 것이 문제지요. 분노의 감정을 잘 다스리지 못하고 파괴적이고 공격적으로 폭발할 때 문제가 됩니다. 자녀가 분노를 드러낼 때 부모가 예민해지면 안 됩니다. 유머를 갖고 여유 있게 행동하면서 자녀가 감정을 잘 다스리게 도와주세요.

분노가 폭발할 것 같은 예감이 들면 어떻게 해야 할지 규칙을 미리 의논하세요. 밖으로 나가 산책을 하거나 운동을 하거나 각자 방으로 들어가 안정을 취한 후에 다시 이야기하자고 제안하세요. 아래와 같은 말로 분노를 다스리자고 권하고, 분노를 다스리는 비법을 말해주는 것이 좋습니다. "네 의사를 표현하는 것도 좋지만 행동이 너무 지나치지 않았으면 좋겠구나." "조금 전에 네가 한 행동을 어떻게 생각하니?" "분노를 자연스럽게 풀 수 있도록 노력해볼래?" "아빠는 네가 다른 것보다 네 마음을 잘 다스리는 사람이 되면 좋겠구나." "네가 아까 화가 많이 날 것 같으니까 밖으로 나갔다가 오더구나. 참 잘했다. 현명한 행동이었다고 생각해." 청소년 자녀를 둔 부모들은 이제 그들을 돌보는 '보호자'에서, 자녀와 인생을 동행하는 '동반자'가 되어주어야 합니다.

너무 다른
쌍둥이인
우리 아이

각자의 개성 존중해주기

우리 집은 5살 아들딸 이란성 쌍둥이인데 너무 예민하고 질투나 샘이 너무 많아요. 딸이 가진 엄마에 대한 애착이 아직도 너무 심해요. 제게서 떨어지고 않으려고 하고 아들에게 말만 해도 화내고 질투를 해요. 애착 형성이 안 되어서 그게 질투나 샘으로 표현되는 것 같아요. 집에서 남자동생과 심하게 다투고 밖에서는 또 잘 해요. 집에서는 딸이 동생을 너무 괴롭혀요. 둘째가 첫째한테 너무 치이는 것 같아서 너무 안쓰러워요. 아들을 엄마 옆에도 못 오게 하고… 둘째는 가만히 당하고 울고만 있네요. 지금까지 첫째는 동생을 친구라고 했는데, 둘째를 동생이라고 하고 잘 돌봐주게 해도 될까요?

쌍둥이가 많아졌어요,
쌍둥이의 모든 것

최근 늦은 결혼과 고령인 산모가 증가하면서 다태아 출산율이 증가하고 있습니다. 통계청에 따르면 총 출생아 중 다태아(쌍태아 이상) 구성비는 3.9%로, 1997년 대비 2017년에 2.8배 증가했습니다. 급격한 환경 변화와 사회적 인식의 변화로 난임과 노산이 늘어나면서 인공수정과 시험관 시술을 시도하는 부부들이 많아지고 있는데, 이는 쌍둥이 출산율 증가로 이어져 가족력이 없어도 쌍둥이를 출산하는 경우가 많아졌습니다. 한 명도 쉽지 않은 것이 육아인데 한꺼번에 두 명을 기른다는 건 정말 어려운 일입니다. 그러나 다둥이 부모들은 힘든 만큼 기쁨과 행복도 몇 배로 돌아온다고 합니다.

일란성 쌍둥이와 이란성 쌍둥이는 어떻게 다를까요? 일란성 쌍둥이는 한 개의 수정란이 난할 과정에서 두 개로 나뉘며 발생합니다. 한 개의 수정란이었기 때문에 동일한 DNA를 가지고 있고 유전적으로 같습니다. 둘로 나뉜 수정란은 한 자궁에서 2명의 태아로 자라며, 성별이 같고 외모도 비슷하게 태어나게 됩니다. 하지만 환경적 영향으로 인해 자라며 조금 외모가 달라지기도 합니다.

이란성 쌍둥이는 두 개의 난자가 각각 다른 두 개의 정자와 수정되어 자궁벽에 착상할 때 형성됩니다. 이란성 쌍둥이의 경우 외모는 비슷할 수도, 다를 수도 있습니다. 다른 유전적 구성으로 성별이 다르며 혹은 같을 수도 있습니다.

하나와는 다른
쌍둥이 육아법

각자의 기질과 성격을 파악하고 존중해주세요

같은 날, 같은 배 속에서 태어난 쌍둥이는 성향이나 기질과 성격도 비슷하다고 생각하기 쉽지만 그렇지 않습니다. 일란성 쌍둥이조차 타고난 성격이 다른 경우가 대부분입니다. 자라면서 점점 개성이 뚜렷해지고 이에 따라 각자 요구하는 바도 달라집니다. 그러니 아이들의 성격을 빨리 파악하고 개별적으로 대하려는 태도가 필요합니다.

각자의 뚜렷한 개성을 지닌 아이들을 양육하는 데 있어 가장 조심해야 할 부분은 '절대 비교하지 말 것'입니다. 알게 모르게 발달이 빠른 아이와 그렇지 못한 아이를 비교하게 되는 경우가 있는데, 발달이 느린 아이는 소극적인 성격으로 변하기 쉽고 거절당하는 상황에 익숙해질 수 있습니다. 아이들의 개별적인 성향, 신체 발달, 인지 발달 등을 있는 그대로 받아들이고 존중해주는 태도가 쌍둥이 육아에서 가장 중요합니다.

번갈아 사랑 나눠주면 연대감이 발달해요

쌍둥이들은 엄마 배 속에서부터 경쟁하며 태어난 아이들입니다. 아이는 둘인데, 엄마는 하나인지라 엄마를 조금이라도 더 차지하기 위한 다툼이 빈번하게 일어납니다. 두 아이가 동시에 울면서 안아주기를 원할 때만큼 당황스러운 일도 없습니다. 우는 아이들이 안쓰러워 한꺼번에 안고, 업지만 아이가 자랄수록 힘에 부칩니다.

일반적으로 더 많이 보채는 아이를 먼저 챙기게 되는데 이런 상황이 계속 반복되면 엄마와의 애착관계 형성에 문제가 생기기 쉽습니다. 두 아이를 동시에 돌봐줄 수 없는 상황이라면 차례차례 안아주겠다고 말해주거나, 말을 알아듣지 못한다면 번갈아 안아주기를 반복해야 합니다. 그러다 보면 아이는 자기 차례가 돌아온다는 것을 인지할 수 있게 됩니다.

다른 아이보다 순하다는 이유로 엄마의 손길을 덜 주는 것 같아 걱정된다면 그 아이만을 데리고 외출하거나 의식적으로 주말에는 그 아이 위주로 돌보며 관계를 돈독히 해야 애착관계 형성에 무리가 없습니다.

동시에 엄마를 필요로 할 때는 보통 잠을 재울 때입니다. 엄마를 차지하기 위해 잠투정을 더욱 심하게 하기도 하는데 처음부터 안아주지 않는 버릇을 들이는 것이 좋습니다. 담요나 베개, 인형 등 아이가 잠들 때 의지할 수 있는 물건을 미리 마련해두는 것도 도움이 됩니다.

쌍둥이 아이,
어떻게 육아해야 할까요?

솔루션 하나, 일상이 규칙적으로 이루어지도록 생활 밸런스를 맞춰주세요

아기들은 처음 태어났을 때 밤낮 구분을 하지 못해 잠투정이 심한 편입니다. 생후 50일 전후에는 한꺼번에 울면서 보채는 경우가 많습니다. 아기가 낮에 놀고 밤에 잘 수 있는 환경을 만들어 생활 리듬을 익힐 수 있도록 해주세요. 신생아일 때는 잠을 자거나 우유를 먹는 일상이 규칙적으로 이루어지도록 신경 써야 합니다. 엄마 아빠가 함께한다면 더욱 수월해집니다.

같은 공간, 같은 음식을 먹는 쌍둥이는 아플 때도 함께 앓는 일이 많습니다. 감기, 장염 등과 같이 바이러스성 질병을 비롯해 유행성 질병에 한 명이라도 걸리면 다른 아이에게 옮을 가능성이 높습니다. 한 아이가 아프면 다른 아이와 격리시켜주고 평소 유행성 질환에 걸리지 않도록 질병 예방에 신경 써주세요.

솔루션 둘, 또래 친구를 각각 만들어주고 각자의 개성을 존중해주세요

쌍둥이가 독립된 인격체로 자라나기 위해서는 사회성 발달을 위해 다른 친구를 사귀고 함께 놀 수 있도록 도와주어야 합니다. 쌍둥이가 서로 잘 놀고 지내는 것은 매우 좋은 일이지만 서로만의 세계에서 우물 안 개구리가 되지 않도록 여러 가지 경험을 할 필요가 있

습니다. 다른 아이들과 노는 과정에서 새로운 것을 배울 수 있어야 합니다. 환경적으로 가능하다면 쌍둥이를 각각 다른 기관에 보내거나 쌍둥이끼리만 친하게 지내지 않도록 따로 다른 친구들을 만들어주세요.

쌍둥이는 함께 태어났을 뿐 서로 다른 아이라는 것을 명심해야 합니다. 쌍둥이라고 해서 모두 같기를 강요하면 오히려 나쁜 영향을 끼칠 수도 있기 때문에, 서로를 비교해 우열을 가리게 하거나 지나친 경쟁심리를 부추기지 않도록 주의합니다. 두 아이를 서로 다른 인격체로 여기고, 이름을 따로 불러주며 자신이 하고 싶은 것을 할 수 있도록 개성을 존중해주세요.

솔루션 셋, 서로를 경쟁하며 사회성이 발달해요

쌍둥이들은 어렸을 때부터 다른 사람과 함께 생활하는 방법을 배워서 그런지 또래보다 빨리 사회성을 익히게 됩니다. 처음 하는 일도 혼자 하는 것이 아니라 둘이 함께하기 때문에 조금 더 진취적인 성향을 갖게 되는 것이 특징입니다. 쌍둥이들은 어쩔 수 없이 서로를 경쟁상대로 여기고 자주 싸우기도 하지만, 이것을 육아에 잘 이용한다면 보다 쉽게 아이들을 가르칠 수 있습니다. 양치질도 순서를 정해서 하라고 하면 먼저 하겠다고 나서기도 하고, 누가 맛있게 냠냠 잘 먹나 하고 내기를 하자고 하면 밥을 곧잘 먹는 모습을 보이는 것이죠. 누가 먼저 찾아내나 누가 먼저 정리하나, 아이들에게

선의의 라이벌은 하기 싫은 일을 하게 해주는 원동력이 됩니다.

쌍둥이는 엄마 배 속에서부터 이미 친구였기 때문에 서로를 곧잘 챙기는 편입니다. 특히 일란성 쌍둥이들은 서로 떨어져 있어도 한 몸인 것처럼 교감하기도 합니다. 그런 시간이 쌓이다 보면 형제애가 자연스럽게 형성되고, 서로에게 평생을 함께할 좋은 친구가 됩니다.

 양소영 원장의 마음 들여다보기

쌍둥이 아이를 둘 다 잘 키우기 위해서는 아빠 엄마의 사랑이 골고루 배분되어야 합니다. 각각 아이들만의 기질과 성향, 개성을 존중해주는 것이 가장 중요합니다. 아이 하나를 키우는 집과 비교하지 않습니다. 아이가 둘이어서 긍정적인 부분에 대해 생각해봅니다. 남편이 처음부터 육아에 적극적으로 참여합니다. 목욕이나 우유 먹이기 등 육아의 한 부분을 아빠가 전담합니다.

엄마만의 시간을 꼭 갖습니다. 주변의 도움을 얻어 자기만의 시간을 꼭 가져야 합니다. 포기할 것은 과감히 포기합니다. 쌍둥이를 키우며 집안일 등 모든 것을 다 잘할 수는 없습니다. 엄마를 편하게 해주는 것에 경제적인 지원을 아끼지 않습니다. 육아의 부담을 덜어주는 용품을 구입해 도움을 받습니다. 쌍둥이 육아와 관련된 모임에 참여합니다. 육아의 어려움을 함께 나누며 여유와 해결책을 얻습니다. 부족한 엄마라고 자책하지 않습니다. 엄마보다 아이들에게 더 잘해줄 수 있는 사람은 없다는 것을 늘 기억합니다.

쌍둥이들을 비교하지 않습니다. 일란성 쌍둥이라도 장단점은 모두 각각 있습니다. 기관에 일찍 보내는 것도 고려해봅니다. 쌍둥이 육아가 너무 벅차다면 일찍 기관에 보내도 괜찮습니다. 가능하다면 쌍둥이를 각각의 기관에 보내보거나 각각 다른 반으로 넣어줍니다. 쌍둥이는 서로 의지하면서 강한 연대감을 보이지만, 한 아이는 쌍둥이끼리도 잘 지내고 다른 친구들과도 잘 지내는데, 한 아이는 쌍둥이한테만 너무 의존하고 다른 친구들과의 관계에 소원해질 수 있습니다. 그러지 않도록 각각의 독립성과 자율성, 적응 능력을 키워주세요. 부모의 성격과 비슷한 아이 위주로 육아가 맞추어지지 않도록 항상 두 아이의 성장발달이 균형을 이룰 수 있도록 상태를 점검해주세요.

양소영 원장의
상처 주지 않고 우리 아이 마음 읽기

초판 1쇄 발행 2020년 5월 20일
초판 2쇄 발행 2020년 8월 25일

지은이 | 양소영
펴낸곳 | 원앤원북스
펴낸이 | 오운영
경영총괄 | 박종명
편집 | 최윤정 김효주 이광민 강혜지 이한나
디자인 | 윤지예
마케팅 | 송만석 문준영
등록번호 | 제2018-000146호(2018년 1월 23일)
주소 | 04091 서울시 마포구 토정로 222 한국출판콘텐츠센터 319호(신수동)
전화 | (02)719-7735   팩스 | (02)719-7736
이메일 | onobooks2018@naver.com   블로그 | blog.naver.com/onobooks2018
값 | 16,500원
ISBN 979-11-7043-087-2 03590

이 도서의 국립중앙도서관 출판예정도서목록(CIP)은 서지정보유통지원시스템 홈페이지(http://
seoji.nl.go.kr)와 국가자료종합목록 구축시스템(http://kolis-net.nl.go.kr)에서 이용하실 수 있습
니다. (CIP제어번호 : CIP2020017202)